U0327461

DESIGN FOR CHINA

Foreign Architects and Chinese Contemporary Architecture

为中国而设计

境外建筑师与中国当代建筑

杨冬江　李冬梅 主编

杨冬江　方晓风　梁雯 等著

中国建筑工业出版社

图书在版编目（C I P）数据

为中国而设计　境外建筑师与中国当代建筑 / 杨冬江，李冬梅主编. —北京：中国建筑工业出版社，2008
ISBN 978-7-112-10387-4

Ⅰ. 为…　Ⅱ. ①杨…②李…　Ⅲ. 建筑设计—中国　Ⅳ. TU2

中国版本图书馆CIP数据核字（2008）第145391号

顾　　问：王珮云
主　　编：杨冬江　李冬梅
著　　者：杨冬江　方晓风　梁雯　等
责任编辑：唐　旭　李东禧
责任校对：汤小平
装帧设计：周岚
制　　作：倦勤平面设计工作室

为中国而设计
境外建筑师与中国当代建筑
杨冬江　李冬梅 主编
杨冬江　方晓风　梁雯 等著
*
中国建筑工业出版社出版、发行（北京西郊百万庄）
各地新华书店、建筑书店经销
北京方嘉彩色印刷有限责任公司印刷
*
开本：889×1194 毫米　1/16　印张：25½ 字数：323千字
2008年11月第一版　2008年11月第一次印刷
印数：1—2,000册　定价：**158.00** 元
ISBN 978-7-112-10387-4
（17311）

目录

Contents

01

贝聿铭的寻根之路

从香山饭店到苏州博物馆

I. M. Pei's Root-finding Journey

From the Fragrant Hill Hotel to the Suzhou Museum

苏州博物馆

无声的盛典

香山饭店的落成典礼如果放在今天，必定是一场媒体的盛宴，甚至可以用名流云集来形容。共襄其间的不仅有国内的高层领导，也有许多国际名人，他们都是建筑师贝聿铭的朋友。可惜，这一充满戏剧要素的事件并没有得到充分的报道，甚至没有留下太多的资料。对于中国社会而言，这是一场静悄悄的典礼，不要说普通大众，就是建筑业界的专家也无缘参与。

不过，这种状态真实地反映了当时的中国与世界的关系。尚未进入开放时代的中国，并不了解这些外宾如何显赫，而媒体也没有今日捕捉热点的敏锐感觉或者机会和可能性。肯尼迪的遗孀杰奎琳·奥纳西斯（此时已下嫁希腊船王）和贝聿铭一家相伴游览了一些名胜古迹，所到之处，无人关注杰奎琳，倒是贝家时常引起人们的围观，并非因为大家知道他是一位名建筑师，而是他们一家具有中国人的外貌，举止和言谈却十足的外国腔。

当然，对于国内的建筑界而言，贝聿铭的到来以及香山饭店的建设，仍是一件引起广泛关注的大事件，人们通过有限的渠道试图尽可能多地了解事件的进程。此时的贝聿铭已非无名之辈，在那个时代，能享有国际声誉的在世华人寥寥无几，以建筑师而言更属凤毛麟角。而中国建筑师除了援外项目外，几乎同外界没有任何交流。更为可悲的是，由于经济的停滞，绝大多数中国建筑师几乎没有参与大型建筑的机会。

中国的建筑师们非常期待一个来自西方发达国家的成名建筑师的作品，希望从中学习先进的技术、时髦的样式和设计技巧。尤其建筑师是一个在西方受教育的中国

北京香山饭店

人，不同的文化背景交融下会有什么结果，都是饶有兴味的话题。然而，贝聿铭给出的答案出乎人们的意料，纵观他的一生，这种出乎意料的结果可以说是贝聿铭作为建筑师的一个特点。美国国家大气研究中心、美国国家美术馆东馆、法国卢浮宫的扩建等等，这些为他带来声望的作品都是同人们的期待有所距离的结果。

香山饭店在国内受到的关注远不如其在国际上的影响，这个作品甚至被认为是现代主义转向的一个标志，尽管贝聿铭从来不认为自己是一个后现代主义的建筑师。但香山饭店中表现出来的对地域文化的关注，显然正是后现代所强调的特征。当然，贝聿铭不会使用戏谑的手法，作品中一以贯之的是优雅和秩序。如果说，一个作品以被模仿的数量来评价其成功与否的话，香山饭店不算一个成功的作品，它没有得到广泛的模仿。它经常被谈起，是一个引人注目的话题，但似乎不是一个令人振奋的解决方案。那场无声的落成典礼或许反映了当时国内对待这座建筑的态度。交流的双方不在一个认知平台上，存在着巨大的落差。数年后，北京的长城饭店施工时，国内许多高校的建筑系师生纷纷赶赴工地瞻仰，那是中国第一座全玻璃幕墙的高层建筑。两相比照，差异立见。香山饭店在当时更多地具有政治上的象征意义，其建筑学意义上的评价还要等待更长的时间。

贝聿铭／摄影：杨冬江

贝聿铭归来

贝聿铭的到来是那个时代政治现实的一个写照。

二战结束不久，世界又陷入了冷战，铁幕分割了东西两大阵营，中国是社会主义阵营的一员。但中苏关系的交恶，使得中国开始谋求同西方世界的接触和沟通。传为美谈的乒乓外交是一个开端，随之而来的是尼克松访华和中美建交。

尼克松成功访华之后，美国建筑师学会试探性地向中国建筑师学会发函，希望能组成一个建筑师团来华访问，未料很快得到肯定答复并成行，贝聿铭是代表团成员之一。

这是贝聿铭自1935年去美国留学后第一次回到祖国，此时是1974年，其间间隔了近四十年。他见到了家族中的一些亲戚，并来到了曾经为其家族所拥有的著名园林狮子林。这次探访对于未来香山饭店的结果有无直接影响，恐怕旁人难以猜测，贝聿铭也从未表露过两者之间有密切的关联，或许园林的影响早已经深入其骨髓。在他就读于哈佛大学建筑系研究生班时，就设计过一个建于上海的中国艺术博物馆，采用了园林式的布局方式。

显然，中国政府对贝聿铭特殊的身份和背景深感兴趣，此时“文化大革命”已进入尾声，长期的政治运动使一个大国国力枯竭，转向经济建设成为许多有识之士共同的认识。当时，贝聿铭曾受到北京的邀请讨论北京的建筑高层化问题。然而，贝聿铭的从业经验却决定了他对在北京进行高层建筑建设的担忧。

不管怎样，来自祖国的邀请是难以推却的，因为在那一代留学西方的华人心中，学成然后报国是最正常的逻辑。战争阻断了他们归国建设的路，一旦历史机缘敞开了大门，贝聿铭乐于尝试。1978年的圣诞节，他再次受到邀请，在双方接触时，他还有些犹豫，因为那是他准备陪家人度假的时间，结果中国方面说那就把家人一起带来吧。

中国社会面临一次重大的转型，结束极“左”的政治路线，走向以经济建设为中心的新时代，与此同时实行对外开放政策。封闭既久，开放也不是短时间内就能完成的，国界内外的方方面面都缺乏足够的了解和信任。同乒乓外交一样，政治上的僵局需要非政治领域的象征性事件来打破。邀请西方国家的建筑师来设计大型建设项目就成为一个选择。贝聿铭是华人，在西方经历了完整的职业教育，并取得了很高的专业声望。这样一位得到国际认同的华人专家无疑是担此大任的最佳人选。华人身份保证了双方交流、沟通的畅达，同时温和地表达了开放的决心和诚意，这个背景避免了民族自尊心方面可能受到的伤害。率先引进外资和技术的上海宝钢，其建设过程就一波三折。初而兴奋，继而质疑，再而坚持，“独立自主、自力更生”思想培育的社会思维不可能马上转变，引进引发是否丧失民族自尊的争论。选择贝聿铭则可以避免这方面的争议。

中国政府希望贝聿铭的到来是一场轰轰烈烈的现代化建设高潮的象征性开端，一场令人振奋的大戏的序幕。因此，政府给出了相当宽松的条件，提供了二、三十处选址和项目让贝聿铭选择，甚至提出在首都北京最核心的位置——长安街，由贝聿铭来设计十座现代化的高层建筑。

乡情

贝聿铭审慎地对待了政府方面的热情，他有丰富的大规模城市开发的经验。在其事务所独立运营之前，他是纽约市大地产商泽肯铎夫的私人建筑师，而泽肯铎夫曾经是美国地产界的风云人物。纽约联合国总部所在的地皮就是他目光长远地牺牲公司短期利益出售给联合国的。这个举动为他带来了名声，以及联合国周边属于他的地块价值的飙升。

二战后的美国面临城市重建的迫切需求，城市郊区化的趋势使市中心衰落，住房短缺，同时又有1600万军人从战场归来。罗斯福新政提出的口号是“十年之内消灭贫民窟”，《1949年联邦住房法·第一编》这一革命性的法案随之立法通过，建筑师和地产商都迎来了前所未有的机会。贝聿铭那时在世人眼里是密斯的信徒，钢和玻璃是其主要的语言素材。大型物业的开发并没有给城市带来积极的影响，多年之后

北京香山饭店

贝聿铭承认道，“今天我们不会采用同样的方法，但在那个时候，谁也不怀疑，要创造更好的街区就得把已经衰败的地区扫荡干净，然后一切从头开始。”

基于这样的经验，贝聿铭拒绝了设计高层建筑的邀请，他甚至建议当时的政府要为长安街沿线建筑设定限高（40米），认为过高的建筑会破坏北京作为古都的风貌。

*那是在1978年，当时的国务院副总理谷牧请我回国。我们在北京，在人民大会堂谈的这个事情，他说我希望你在中国可以留点纪念，我说应该，我在美国这么多年了，有这个机会觉得很荣耀，我接受。可是做什么工作呢，他说最好在长安街里面找，我说长安街好啊，这个地方很重要。但问题是我不想在中国做高楼，而且总觉得在那里做高楼心里面不大满意。我便老实讲我是想造一个低一点的楼。他说低楼啊，那你就要到郊外去造。所以我就到处走，看地方，看了香山，我觉得很好，香山饭店便开始做起来。*①

他的言行透露出的善意，显示了一位成熟建筑师的专业修养和判断力。在美国，贝聿铭被认为是一个复杂的人物，温文尔雅但坚持己见，在关键问题上从不退缩，多年之后的巴黎卢浮宫扩建工程充分表现了他的性格，同时，他也被认为是一个具有东方智慧的聪明人，他很清楚在什么时候做什么事情是恰当的，并且通过合适的选择提升自己的专业声誉。在中国设计一个项目，对当时的西方世界来说同样也是具有诱惑力的机会，在一个特殊的环境里，建筑师可以尝试一些不同的做法。作为一个在西方世界完成自己职业教育的建筑名人，贝聿铭敏锐地感到这是一次可以展现中国文化魅力的机会。一个建筑作品可以理解为建筑师的一次演出，他总是通过作品在诉说。在中国这个舞台上，贝聿铭期待自己有一场特殊的、别有意味的演出。

早在哈佛大学追随格罗皮乌斯学习的时候，他就提交了一份特殊的毕业作品，设计一座位于上海（贝聿铭的成长地）的中国艺术博物馆，他是这么解释的：

---

①摘自本书作者2007年对贝聿铭的专访。

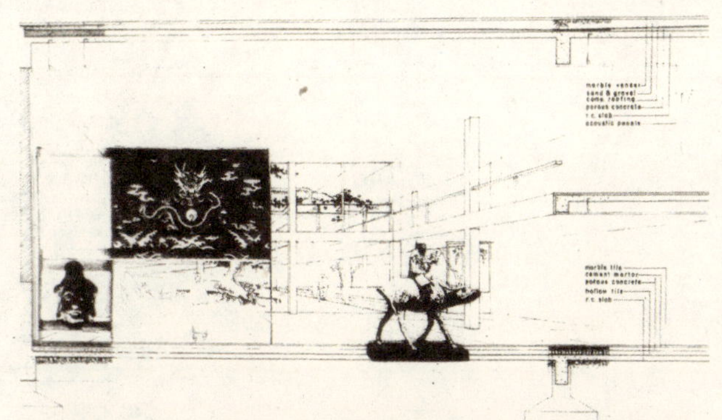

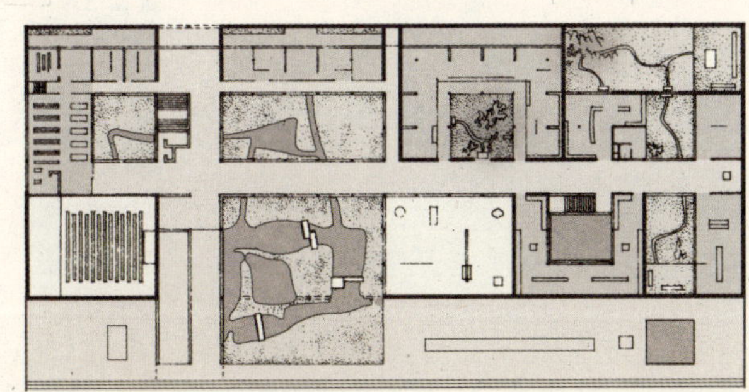

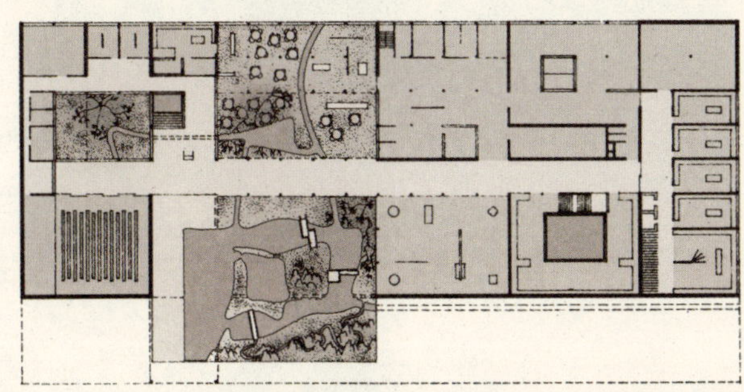

贝聿铭在哈佛大学的毕业作品——中国艺术博物馆

在那个时候……世界各地的著名博物馆都设计得和卢浮宫或纽约大都会艺术博物馆大同小异，都有庞大的墙和历史性的大楼。当然，那么做是正确的，因为它们要收藏国家艺术，希腊罗马雕塑，庞大的壁挂，教堂艺术，德洛克瓦和鲁本斯的油画以及诸如此类的东西。由于西方艺术的公开性很大，因此有关建筑要与它相匹配也是合乎情理的。

*但是，当你想到东方艺术时，你所考虑的是截然不同的事物。那是非常隐秘的——玉石、象牙、陶瓷都是这样的，甚至画卷也不例外。无论其长短，画卷是从不摊展开的；它们总是束之高阁，只有特殊场合才供人一饱眼福。因此，你不会在一座庞大的希腊式或罗马式复制品中展示这种艺术。因此，观看、展览这种艺术的环境必须区别于我们的西式博物馆。*①

他的这个设计在当时就成为一个热门话题，对于格罗皮乌斯这样的第一代现代主义大师来说，现代主义是一种理性精神，意味着普世的合理性。贝聿铭的提案采用了院落式的地方传统格局，由于他们对东方文化的陌生，自然也引起了疑虑。但是，最终格罗皮乌斯作为导师仍然给予很高的评价，并将其发表在专业期刊上：

这个建筑在中国上海的博物馆是贝聿铭先生就读于哈佛大学建筑系研究生班时在我的直接指导下设计的。它清楚地表明一个有能力的设计者能够很好地抓住传统的基

①参见【美】迈克尔·坎内尔 著，倪卫红 译，贝聿铭传，中国文学出版社，1997，P107。

本特征——他发现这种特征依然存在着生命力——而不牺牲具有时代精神的设计概念。今天我们已经清醒地意识到，对传统的尊重并不意味着心安理得地默认那种碰运气的作法或简单模仿过去美学形式的原则。我们已痛切地感到，设计中的传统永远意味着由人们的长久习俗而形成的基本特征。

当贝先生和我讨论中国建筑艺术的诸问题时，他告诉我，他希望避免把中国各历史时期的建筑构图要素以一种肤浅的方式添加在公共建筑上，就像上海一些公共建筑所体现出来的做法那样。于是在我们的讨论中尝试探讨如何才能表现中国建筑的特征，而不是照搬过去形式中的某些主题。我们认为在中国历代建筑中都极为醒目地存在的质朴的墙体以及一些小庭园是两个永恒的特征，每个中国人都是理解这一点的。贝先生完全是在这两个主题的各种组合的基础上构成了他自己的方案。

这个设计受到哈佛设计学院全体教师的高度赞赏，因为我们认为在这个方案中，现代建筑的表现手法也达到了高水平。①

格罗皮乌斯的评语在今天看来也是中肯而富有启发性的，不愧为教育家。他敏锐地抓住了方案的重点——设计是针对对象的结果，对象不同，结果自然应该不同；对于有生命力的传统特征在新时代中应该如何看待？创新肯定不是对过去的重复，但是否是对过去的完全否定？贝聿铭在这个方案里已经表现出与他的导师不同的看法和思路，因为他坚持传统的“这种特征依然存在着生命力”。这种对传统的尊重态度是很有前瞻性的。这同他的生长环境有关，也同东方人善于调和的文化性格有关。贝聿铭的父亲贝祖诒是民国时期的中国银行的创始人之一，一位成功的银行家，为贝聿铭的成长提供了优裕的环境，在这个环境里他有同时享受东西两种文化的便利，形成自己的经验，也使他对东方文化有足够的自信来坚持自己的观点。

当重新踏上中国的国土，并有机会一展身手的时候，贝聿铭的雄心不是完成一堆大

---

①【美】迈克尔·坎内尔 著，倪卫红 译，贝聿铭传，中国文学出版社，1997，P81。

体量的建筑物来充当自己的纪念碑，他有更为远大的志向，他要探索一条中国建筑现代化的道路，找寻属于中华民族的现代建筑语言。在完成香山饭店的设计之后，贝聿铭来到清华大学建筑系演讲，总结了他对新加坡建筑的看法，同时阐述了自己的思想：

在中国，我想还是应该先向后看，再向前走，不要盲目求快，一步一步，踏踏实实地前进。

是的，我们也不妨借鉴西方古代的建筑遗产。在漫长的西方建筑历史中，有三次出现过形成强烈民族风格并具有普遍意义的建筑形式。①

一次是在希腊；一次是在意大利；再一次则是在英国，即17世纪出现的乔治风格（Georgian Style）。用极为寻常的建筑材料——砖、玻璃形成了能适应从宫殿到民房各种类型建筑的完美形式，一直流传到现代。在伦敦，大部分建筑都具有这种风格，在巴黎，情况也是这样。这些建筑物看上去和谐统一，但又变化无穷。甚至在世界上的其他地方，在美国的波士顿、费城，我们都能感觉到这种建筑形式的巨大而深远的影响存在。

在中国，我想也正需要在传统建筑艺术的基础上找到这样的一条道路，一种风格，一种为中华民族所特有的、与其他国家和民族不同的形式。②

为此，他排除了高层建筑的选项，那是一种无根之物。而位于香山的这个旅游饭店项目，尽管规模不大，但提供了贝聿铭表达自己建筑理想和民族自尊的可能性。他希望用自己的作品来雄辩地证明东方古老文化传统的生命力和价值。建筑的生命力其实就是文化的生命力，中国乃至世界现代建筑史中绕不过去的一个话题就这样诞生了。

---

①王天锡 著，贝聿铭，中国建筑工业出版社，1990年8月，P259。

②同上，P252。引自贝聿铭在纽约清华同学会为欢迎清华大学代表团访美的演讲。

香山饭店

由于开放，中国政府就要考虑一定的对外接待能力。香山饭店是外事管理部门委托的项目，选址于香山，一处皇家园林的遗址上。

香山属于西山一脉，镇守北京西北郊，自古即为京城游赏胜地。有清一代，历康雍乾三朝的经营，在西北郊形成三山五园的皇家园林格局，绵延十数里，蔚为壮观，香山即为其中之一。惜乎英法联军的暴行，三山五园尽毁，最为世人熟识的是圆明园，然香山之痛，宣传不彰。贝聿铭了解这个环境的价值，欣然领命，踏勘擘画。

1981年，贝聿铭在接受日本《空间设计》杂志的记者高濑隼彦的采访时说道：

最初我们觉得好像有两种设计方式：一种是照搬旧有的形式，就是支撑在红色圆柱上的金黄瓦顶，四周围以栏杆。如果看看台北的圆山大饭店（Grand Hotel），也许可以使你想象出那将是个什么样子；再一种则是考虑到旅馆大体上是外国人使用的，因此感到以采取他们所熟悉的西欧风格最为适宜。在我看来，无论哪种方式都是错误的，因此一定存在着处于两者之间的第三条道路。①

我接受了设计香山饭店这个工作以后，便借这个机会在中国从南到北，再从北到南地走了走。其中最重要的是在南京的时候，我见了一位很出名的建筑师叫杨廷宝，杨廷宝那时在南京，在中国建筑界非常有影响。因为我刚从美国回来，我跟他谈建筑，谈中国建筑。跟他谈了以后呐，他说你应该在这条路(江南园林)看一看，很多好的东西还在这里，除了北京之外，往这个地方看。所以他就带我去看一个在扬州的小园林，一堆石头，这一堆石头是了不得的，所以他建议我应当朝这个方向发展。中国的历史并不是说只是南北中，到处都有历史，这个地方有很多好的建筑可以研究

---

①王天锡　著，贝聿铭，中国建筑工业出版社，1990年8月，P266。引自书中高濑隼彦的“贝聿铭访问记”，原载日本《空间设计》1982年第6期。

北京香山饭店

一下，所以我便接受了杨廷宝给我的这个建议。①

贝聿铭的第三条道路耐人寻味，反映了建筑师的价值判断，他毅然舍弃了大屋顶——这个中国传统建筑最为显著的特征。“坡屋顶施工困难，造价很高，此外一有地震，将是首先要坏的地方。”更重要的原因乃是作为一个信奉现代主义的建筑师，他对建筑的理解不可能停留在形式层面，1980年在清华大学的演讲中，他说道：

中国传统建筑艺术的真邃到底是什么？

在回答这个问题之前，让我们先来看看颐和园的鸟瞰。大家会不约而同地发出惊叹：呀！大屋顶！是的，传统的屋顶的确给人以无限的美感。但在这里我要特别强调的是，大屋顶固然是中国传统建筑的显著特征之一，但它并不是唯一的最重要的因素。那么什么是更重要的、更应引起我们注意并加以研究探讨、继续发展的呢？

是虚的部分，是大屋顶之间的空间——庭院！②

庭院沟通了室内外的关系，也可以理解为人和自然的关系。中国历代文人只要经济条件许可，都有兴园自赏的冲动，甚至可以说只有拥有一座园林（大小不论），才有资格自称文人。贝聿铭很清楚，书桌前不能对着一个院子，看到花木奇石，那是不能称为书房的。

贝聿铭要充分利用香山得天独厚的天然条件和景观资源，此处“古木参天，流水潺潺，仲夏碧荫，晚秋红叶；加之寺庙亭台，古代遗迹，处处诗情画意。”香山饭店对于空间组织形式的探索是有深远影响的，由于是在皇家园林的旧址上修建，新建筑没有采用集中式的布局方式，而是采用中国传统的院落式格局，建筑铺展得比较开，这带来了流线组织上的一些问题。但贝聿铭并没有因循传统的院落布局，而是采用了更为灵动的方式。从大的关系上看，这组建筑仍有一条隐约可知的主轴线，依次贯穿了人口庭院（更接近于解决交通的小型广场）、一个室内的四季长春的内

---

①摘自本书作者2007年对贝聿铭的专访。

②王天锡 著，贝聿铭，中国建筑工业出版社，1990年8月，P257。

庭、和室外的以皇家园林为基础的园林化庭院。而蜿蜒铺展的客房楼为躲避古树，又自然形成一些附属的小院落，不对称的格局同园林意境的配合十分贴切。贝聿铭认为这个项目最成功的就是没有动树木，建筑在此处是次要的，因为环境已经很优越了。另外，低层、平顶、铺陈的建筑方式，降低了建筑成本，是个非常现实的方案，尤其当时的国力远非今日可比。

然而，当时人们更多还是关注建筑的形式，即使建筑师本人也是如此。香山饭店既不是一座纯粹的现代主义建筑，也不是一座复古的折中主义建筑，它大量提取了中国传统建筑的形式符号，尤其是江南一带传统民居的元素，但打破了常规，不是简单搬用，而是转化为由抽象图案形成的肌理。总体看，这座建筑还是现代主义的，形式语言简洁干练，白色的基调同现代主义的一贯作风也相吻合。

值得注意的是贝聿铭对于灰砖和装饰元素的应用，这种地方主义的关注同当时盛行的现代主义设计是有着相当大的距离的。灰砖还是贝聿铭找到苏州的老师傅重新恢复生产的，这种对传统文化尊重的态度在那时并非主流。墙面分割的图案受到传统的半露木构架的启发，更重要的是，西方现代主义的建筑秉承西方传统的体量感，强调体积和块面，而中国传统文化中的审美要素是线，强调线性的美感。香山饭店的立面处理是用这些装饰性的线条来调和两个不同的建筑体系。事隔三十年，贝聿铭今天再看这个项目，却并不认同这种手法，认为这样太肤浅、表面化，没有真正触摸到中国建筑的根系。

不论到什么地方做，我总觉得这个历史传统，一条根啊，非常重要。不单是在中国，我在法国以及其他国家也是一样，我总是看，看历史,找这条根。找根你要明白历史、文化，种种人民的生活，现在的生活跟以前的生活有什么变化，这个都要研究。

北京香山饭店

*香山可以说很多东西都做错了，没有掌握到真正重要的东西。设计香山饭店的时候，我在国外已经住了50多年，头一次回国，我的脑筋里都是老的中国。对于新中国，我觉得我还是领会得不够。*①

香山饭店朴素、淡雅，在绿树掩映中十分清新，来自苏州的语言素材，使它具有小家碧玉的气质，而缺少北地敦厚、粗犷的气息，更无皇家胜地的威严、壮阔或华丽。这种错位的地方主义也是后来为人诟病的地方。贝聿铭此处表现出的倾向，可能用民族主义来解释更为贴切，他急切地试图通过这个项目向世人证明中国传统文化的价值和魅力，具体选择的是他本人熟悉而亲切的江南建筑元素，这种局限性也可以理解吧。

*当时有很多人都批评：'你这个建筑是从江南来的吧？这个灰白的，你知道北京有很多尘土啊，你这个白的墙，过一两年就变黄了。'很多人都在批评，建筑师也批评，你不应该用这个颜色。但我觉得，我这个园林是在香山的环境里，它跟苏州园林是不同的。气候不同，所以这个条件也不同，我觉得我有这个把握。*②

国内建筑师们在期待中看到香山饭店时，不能说失望，但肯定是意料之外，并非惊喜，而是多少有点摸不着头脑。香山饭店同贝聿铭以前的建筑设计在形式上没有太多的共同点。低技术的建造方式、源自传统的形式语言、波澜不惊的视觉效果，这些贝聿铭的着力之处，都不符合国内一般大众或专业人员的期待。尽管其审美品质也得到认同，但作品背后的设计思想没有引起广泛的共鸣，贝聿铭所想象的那个文化环境已经改变了。

翻开国内20世纪80年代至90年代初期的专业建筑期刊，我们会经常看到有关如何表现民族传统的讨论，最热闹的是有一阵关于“形似”还是“神似”的争辩。香山饭店经常作为例证被双方拿来作为论据。其实，无论“形似”还是“神似”，出发点

---

①摘自本书作者2007年对贝聿铭的专访。
②同上。

都离不开一个“似”字，贝聿铭真正想要探索的绝非一条“似”的道路，而是一条新路，“似”不是目的，目的是文化的延续和发展。只不过，从香山饭店的设计成果看，其手法多少还是落在“似”的套中，笔者以为这是贝聿铭在今天并不认同当初设计的关键原因。这条路他并不放弃，时隔近三十年之后，在苏州博物馆上，他继续实践着自己的探索，这次他去除那些表面的符号，惟有如此才符合他心中的现代主义建筑理想。

民族化的问题不能激起国内建筑师太大的热情，问题由来已久，自民国时期就在讨论，出发点是民族自尊，但“已落后”的意识深入人心，因此开放之初最想了解的是新材料、新技术的动向，所谓找差距是最为迫切的。香山饭店在这方面唯一给人振奋的地方是其类似大堂功能的四季庭。这可看作一个有顶盖的庭院，大尺度的空间，轻盈的结构，精心处理的光线，给当时的中国建筑师以很大启发，细密编织的遮阳顶棚，取得了类似竹帘的光影效果。人们看到了，现代化的材料和技术同样可以塑造有传统韵味的空间。

贝聿铭为香山饭店的落成作了精心的准备，这不仅是他回馈祖国的一件礼物，也是意欲向世界展示中国文化的重要时刻。他把揭幕式的时间定在1982年的10月，届时将使远方的来宾看到香山最为的经典的景色——满山红叶。同时，贝聿铭也邀请了包括肯尼迪总统遗孀杰奎琳·奥纳西斯在内的多位名流朋友来参加这一仪式，见证这个时刻。

香山饭店在美国的影响似乎更大，人们感兴趣的是：一位现代主义的权威和坚定的支持者，最终向历史主义妥协了。20世纪的80年代正是建筑界后现代盛行的时期，贝聿铭在美国从不认同那种戏谑的历史主义，他坚持现代主义没有衰竭，但发生了变化，具有了更大的包容性，香山饭店是个注脚。从气质上讲，贝聿铭也不可能是

北京香山饭店

一个追求夸张煽动性的建筑理论家，香山饭店反映了贝聿铭的理性原则及其温文尔雅的处世方式。

在香山饭店落成、开张的七个月之后，贝聿铭获得了1983年普利茨克国际建筑奖，这是国际建筑界的最高荣誉。普利茨克奖的设立始于1970年，是为了表彰那些在诺贝尔奖没有涵盖的领域内，为人类发展作出杰出贡献的专业人士。

在评委会简短的评语中点明了贝聿铭建筑设计的精髓：

*本世纪最优美的室内空间和外部形式中的一部分是贝聿铭给予我们的。但他的工作的意义远远不止于此。他始终关注的是他的建筑耸立其中的环境。*①

环境意识是贝聿铭有别于许多西方现代主义建筑师的关键所在，当然他的特殊才能也不可忽略，他在材料运用方面的才能和技巧达到了诗一般的境界。对照香山饭店的设计成果，他无愧于这个评价。

贝聿铭获得了10万美元的奖金和一尊亨利·摩尔创作的雕塑。他用奖金设立了奖学金基金，资助在美国留学的中国学生，但有一个附加条款：得到资助的学生必须返回中国，把所学运用到祖国的建设中去。这也是他自己的理想。

---

①参见【美】迈克尔·坎内尔 著，倪卫红 译，贝聿铭传，中国文学出版社，1997，P324～325。

从香山饭店到苏州博物馆

香山饭店从设计到施工到落成开张的整个过程留给贝聿铭的不是全然美好的记忆。对真正的建筑师而言，施工完成只是建筑生命的开端，建筑良好的运行也是说明建筑价值的重要方面，这是不能拆分的。香山饭店原来计划聘请国际知名的酒店管理集团来管理，后来还是国内自己管理。在当时的环境下，涉外接待应注重的许多方面都不能为国内的服务人员所理解。贝聿铭事务所的设计师负责培训餐厅服务员的礼仪和餐具摆放的规则，结果服务员对这套繁琐的东西都笑场了。即使国内的高级官员也未必知道并按照合适的礼仪来对待宾客。香山饭店成了贝聿铭的伤心地。他自落成典礼之后，再也没有回到这个曾经付出如此多心血的建筑中。贝聿铭事务所的设计师形容，香山饭店犹如一个孤儿，贝聿铭赋予了他生命，却无法帮助他成长，这可能是贝聿铭无法再次面对这座建筑的一个原因。

尽管从政治层面，中国政府给予贝聿铭极大的支持，但整个建设过程，他及其团队需要同整个未经开放的实施系统打交道。由于这种开放只是一种尝试，因此也没有配套的法规或操作程序可以指导工作。过程中的众多摩擦，可想而知。贝聿铭说，他从未如此明确而深刻地感觉到自己是那么的美国化。站在他的立场上确实如此，但站在中方配合人员的立场上，他们同样无所适从。贝聿铭的要求要么不符合他们工作的惯例，要么可能突破他们的权限，这种不适应，一方面来自经验，一方面来自整个机制的约束。

或许，香山饭店带给贝聿铭的不是一次完美的经验，但它还是有助于中国和世界更进一步地了解贝聿铭，扩大了他的声望。由于家族背景中同中国银行的密切关系，

贝氏建筑事务所／摄影：杨冬江

他紧接着接受了中国银行香港分行的委托，设计分行的新办公楼。在用地和资金都不很充裕的条件下，他创造了一个令人难忘的形象，几何形体的不断切削，层层递进，冲天而起。其设计手法又回归了贝聿铭所熟悉和擅长的纯粹几何形式，逻辑清晰，结构简明、巧妙。他用中国式的思维来形容这个方案——芝麻开花节节高，一个美好而又合乎逻辑的意象。

无法想象贝聿铭这个名字同中国建筑之间完全没有联系，当他曾经参与其中的开放进程不断深化的时候，人们总是不自觉地想象，贝聿铭是否会参与某一项大型国家工程？随着贝聿铭从自己创办的事务所退休，他的儿子创建了贝氏事务所。贝聿铭继续通过这个事务所从事在华项目。中国的建设进程在临近21世纪时，由国家大剧院的国际竞标开始，发生了许多令人眼花缭乱的建筑事件。贝聿铭还是审慎地没有介入这些事件，他在等待一个合适的时机，他对中国要说的话，还没有说完。

终于，人们得知，在贝聿铭年届九十之际，他决定以苏州博物馆作为自己的封刀之作。

苏州博物馆的设计可以说是我最末了的挑战，因为我早就退休了，我退休了已经十

贝氏建筑事务所/摄影：杨冬江

苏州博物馆

*二年了，我接受的工作大部分都是比较愉快的和简单的。不是像这个，这是我的故乡，我不能轻易地做。*①

这个项目从选址开始便引起了极大的争议。苏州有着两千五百年的悠久历史，古街、古巷、古桥、古塔星罗棋布，点缀其间。而平江路作为苏州保存最完好的古街区，800年来始终保持着河路并行的格局，粉墙黛瓦、水巷纵横，显示出舒朗淡雅的水城风貌。要在这样的地段，建造一座新的博物馆，其难度不言而喻。不但如此，在苏州博物馆新馆的规划图中，博物馆的北侧还紧邻世界文化遗产拙政园，东侧是太平天国忠王府旧址，南侧隔河相望的，则是著名的古典园林狮子林。

但争议从来不能阻止贝聿铭，当年卢浮宫的玻璃金字塔在法国掀起的波澜远甚于此，贝聿铭总是以自己的微笑来化解外界的压力。制约越复杂，贝聿铭创作的兴奋度越高。在接受普利茨克奖的时候，他引用过达·芬奇的话："力量从制约中诞生，在自由中死亡。"这也可看作他对于建筑创作的理解。

---

①摘自本书作者2007年对贝聿铭的专访。

“苏州”和“园林”都是对于贝聿铭有特殊意义的关键词，香山饭店的遗憾也有可能在这个项目中得到弥补。他要继续探寻中国建筑文化的根系，并用自己的方式将其表现出来，展现给世人。就这个愿望而言，苏州无疑是个理想的城市，这里老城的城市格局、建筑尺度都保留得较好，甚至人们的生活方式也在延续着悠久的传统，同时，所有的这些都是贝聿铭熟悉而倍感亲切的。香山饭店的尴尬应该不会重演，错位的地方主义不可能发生了。

2003年7月，经过长达一年多的构思，贝聿铭终于拿出了苏州博物馆新馆的方案和模型，并邀请苏州市民对这一方案进行了投票。这次，贝聿铭要彻底抛弃历史主义的做法，以新的方式向传统致敬。他不再引用任何传统符号，只有白墙依旧。在这个建筑中，他要修正香山饭店设计中的一系列手法。博物馆建筑形式中给人突出印象的是采光塔，体块的斜向切割有一点坡屋顶的意象，但仍然从属于整个体积，而形式更多地服务于博物馆对于光线的要求，塔将经过漫反射的自然光引入室内，避免了直射光线对展品的伤害。同时，斜面的黑色材料，贝聿铭坚持不使用瓦，为此他拒绝了很多次国内专家的建议。瓦的使用，将损害造型的整体感，从而造成屋顶、墙面的区分，回到传统的老路上。在此，我们能深刻地感受到这位老人对探寻中国建筑新路的执着。

比照香山饭店同苏州博物馆，结果是有趣的。在香山饭店的设计中，贝聿铭采用了许多拿来主义的做法，墙面分割的图案，窗洞的形式等等。最为典型的是，他说服了政府，允许他从云南石林的外围运出了石柱，将它们装点在香山饭店的庭院里。这个做法当时就受到国内一些专家的抨击，因为他破坏了石林的环境。但在苏州博物馆，拿来主义休矣，同样是庭院的设计，他将一些石块切片，犹如切片面包那样，以一种近乎平面的方式进行组合。博物馆同拙政园相邻的外墙十分高大，贝聿

铭充分发挥了白墙为纸的传统，他用这些切片的石头来作画，坐在现场，指挥工人调整摆放位置，而样本是宋人米芾的山水画。

这次，我要用石头来画画。拙政园给我一个粉墙，很高，那个粉墙大概十几尺高，好像一张纸。我们再到山东去找石头，找各种奇形怪状的石头，几十吨的石头，运来一批，切了以后，用石头画画。这就是我想的办法，我不会堆石头，就走新的

苏州博物馆／摄影：侯晔

*路。不一定走得通，但是试试看。所以很多东西要想，要更新。*①

这个做法典型地反映了相隔近三十年之后，贝聿铭对于如何进行中国建筑民族化给出的不同答案。两者具有质的差异，在此我们不得不同意贝聿铭自己的判断，香山饭店的实验是肤浅而表面化的。苏州博物馆的设计中，贝聿铭彻底地贯彻了对“新”的坚持。而这个“新”字，正是建筑艺术的生命力所在。

①摘自本书作者2007年对贝聿铭的专访。

结语

香山饭店是一个开端，正如当时的领导人所预期的，随后中国进入长达三十年、至今未见稍歇的高速发展期。它可能没有成为一处建筑学的朝圣之地，形式上的亲和力不符合人们对于差异化的期待，但其建设过程具备很强的标本意义，同时在建筑学上的探索使其占据了无可替代的位置。建筑师贝聿铭在其后的岁月里，一直同中国建筑有着千丝万缕的关系，他的设计活动和作品见证了中国自改革开放以来三十年的变化。今天，我们回顾这段历史，不仅看到了香山饭店在建筑方面的思考和成就，也更为清晰地理解了这三十年所带来的变化。香山饭店并非一座完美的建筑，但建筑背后的故事告诉我们它是那个时代的产物，它的不完美来自时代的制约。

同时，从贝聿铭的建筑实践中，我们也可强烈地感受到他作为一个华人的民族情感。这是同之后的许多来华设计的西方设计师形成鲜明对比的一个特征。贝聿铭试图通过香山饭店来向世人宣示中华文化的优秀成就，为此，不仅在建筑形式上积极探索，也邀请了同为在西方世界取得成功的华人画家赵无极为饭店的大厅作画。两位世界级的华人艺术家在各自的领域内，运用兼具传统和现代的语言，合奏了一曲华美的乐章。香山饭店和苏州博物馆在贝聿铭长长的作品清单中是迥异于其他作品的两件作品，从中我们能体会到贝聿铭所具备的那种民族文化振兴的使命感。

现代化、民族化是近百年来中国的设计师们始终为之努力奋斗的两条主轴。创作之路、探索之路永无尽头，贝聿铭的思考值得我们借鉴。他在普利茨克奖授奖仪式上讲道：

我属于那样一代美国建筑师，他们的建造活动是基于对新建筑运动的先知先觉，并

对这个运动在艺术、技术和设计领域里所取得的有意义的成就坚信不移。我也痛切地感到，这些年来在新建筑运动的名义下逐渐形成的平庸状态。尽管如此，我还是相信这个传统必将继续下去，因为它决不是过去的遗迹，而是激发现在并赋予其活力的生命力。只有以这种方式我们才能发展和提炼一种建筑语言，与今天的价值共鸣并能创造出风格和实质上的多种表现手法。除此之外，我们还能希望用什么来为我们的城市、村镇和邻近区域建造一种有条不紊的物质环境呢？

……

单纯从风格的狭隘眼界出发，对“新”的追求十之八九会导致一时兴起的独断专行，一种反复无常的紊乱。

……

建筑师通过设计研究光线中体积的处理，探索空间中运动的奥秘，检验尺度和比例等手段，更重要的是他们追求代表一个地区的神韵的特色，因为没有任何建筑是孤立存在的。①

三十年过去了，潮来潮去，开放的大门使我们见识了许多，或许此时我们能更好地理解贝聿铭在三十年前所说的话。贝聿铭以自己的探索和作品实践了自己的所思所想，值得我们尊敬。

文：方晓风

①王天锡 著，贝聿铭，中国建筑工业出版社，1990年8月，P256。

贝聿铭／摄影：杨冬江

贝聿铭访谈

Interview with I. M. Pei

时间：2007年9月30日／地点：美国纽约贝聿铭寓所

Q：香山饭店是改革开放后在国内出现的第一座由境外建筑师设计的建筑，同时这也是您在祖国大陆的第一件作品。从您最初着手设计至今已经过去有近三十年的时间，在这里您是否可以再次为我们回忆一下当时的情景。

A：那是在1978年，当时的国务院副总理谷牧请我回国。我们在北京，在人民大会堂谈的这个事情，他说我希望你在中国可以留点纪念，我说应该，我在美国这么多年了，有这个机会觉得很荣耀，我接受。可是做什么工作呢？他说最好在长安街里面找，我说长安街好啊，这个地方很重要，但问题是我不想在中国做高楼，而且总觉得在那里做高楼心里面不大满意。我便老实讲我是想造一个低一点的楼。他说低楼啊，那你就要到郊外去造。所以我就到处走，看地方，看了香山，我觉得很好，香山饭店便开始做起来。

Q：您当初对北京以及长安街的印象是怎么样的？

A：跟现在的长安街是不大相同，当时新的建筑在长安街并不好，我觉得没有什么东西，可能是那时候刚刚起首的原因。除了长安街之外，我去看了故宫，另外还去了北京大学，看的多是原来老的东西。

Q：为什么没有选择在长安街设计一幢比较现代的建筑？

A：长安街跟香山饭店的情况大不相同，因为香山饭店是在郊外。老实说在长安街我不太敢做，因为那时对中国的情况不够了解，麻烦也很多，总觉得在那里（长安街）做的经验不够，怎么做新的东西，什么是新？没有这个把握。四年后，我在香港做中国银行就是很现代的。

Q：您当时选择香山，来设计香山饭店，还是出乎很多人的意料，在设计过程中是否也遇到了一些您意想不到的困难？

A：这是我的主意，很多人是没有想到。那时各方面的条件也确实很困难。香山是在郊外，找了这块地以后，有很多工作要做的。当时走条路从香山到那块地都很麻烦，很多地方，根本没有路，我以为做一条路是很简单，那个时候却非常不容易，非常难做。所以很多工作，意想不到的都出来了。

另外，设计当中比较大的挑战便是保留周围的树木。香山的园林非常美，所以我进香山以后头一个想法是树木要保留。有两棵银杏树，几百年的，美得不得了。在设计当中，这些好的树木我基本都没有去动它们，保留了很多，在这一点上我觉得是成功的。

Q：对于历史文脉的传承与发扬一直是中国建筑师追求和探索的方向，在香山饭店的设计过程中您是如何看待这一问题的？

A：不论到什么地方做，我总觉得这个历史传统，一条根啊，非常重要。不单单在香山，我到欧洲，到处做，我总是看，看历史，找这条根。没这根啊，长不好的。所以要接到这条根上面，这对于历史方面很重要。不单是在中国，我在法国也是一样，在卢浮宫我也找这条根，到处都找根。找根你要明白历史、文化，种种人们的生活，现在的生活跟以前的生活有什么变化，这个都要研究。所以，我的建筑跟很多新的建筑不同，就在这一点。

Q：香山饭店位于北京西北郊的香山风景区内，周边的颐和园、圆明园等都属于典型的北方皇家园林，而您的设计却似乎是从白墙黛瓦的中国江南古典园林建筑中获取了更多的灵感。

A：对了。有很多人都批评："你这个建筑是从江南来的吧？你知道北京有很多尘土啊，你这个白的墙，过一两年就变黄了。"很多人都在批评，建筑师也批评，你不应该用这个颜色。但我觉得，我这个园林是在香山的环境里，它跟苏州园林是不同的。气候不同，所以这个条件也不同，我觉得我有这个把握。它现在也还是很白吧，是吗？我好久没有去过了。

贝聿铭／摄影：杨冬江

Q：作为多年后重返故土的第一件作品，在着手设计之前您一定也做了很多准备工作吧？

A：我接受了设计香山饭店这个工作以后，便借这个机会在中国从南到北，再从北到南地走了走。其中最重要的是在南京的时候，我见了一位很出名的建筑师叫杨廷宝，杨廷宝那时在南京，在中国建筑界非常有影响。因为我刚从美国回来，我跟他谈建筑，谈中国建筑。跟他谈了以后，他说你应该在这条路（江南）看一看，很多好的东西还在这里，除了北京之外，往这个地方看。所以他就带我去看一个在扬州的小园林，一堆石头，这一堆石头是了不得的，所以他建议我应当朝这个方向发展，中国的历史并不是说只是南、北、中，到处都有历史，这个地方有很多好的建筑可以研究一下。所以，我便接受了杨廷宝给我的这个建议。

Q：香山饭店从开始设计到现在已经过去了三十年，三十年后您如何评价这座建筑？

A：香山饭店可以说很多地方都做错了。没有掌握到真正重要的东西，没有掌握到一条根。我觉得香山饭店就是皮毛，没有找到中国建筑的根。我觉得苏州博物馆，有一点眉目。两座建筑你看起来相同，其实大不一样。在我看来，这两条路相差很远，你凭直观去看，一个是灰白，另一个也是灰白，但内涵却大不相同。设计香山饭店的时候，我在国外已经住了五十多年，头一次回国，我的脑筋里都是老的中国。对于新中国，我觉得我还是领会得不够。所以现在回过头来想，香山饭店我还是不应该做。可是既然已经做了，就把它当成是一次经验。好在做错了以后，有机会可以改，苏州（博物馆）给了我这个机会。如果没有香山饭店，我在苏州（博物馆）就不会那么有把握。

苏州博物馆

Q：接下来就请您谈一下有关苏州博物馆的设计。

A：苏州博物馆我觉得相当好。苏州博物馆那块地，跟香山不同。香山是自然美，而苏州那块地则有很强的人文气息。博物馆的北侧紧邻拙政园，东侧是忠王府，南边则是狮子林。我认为在这个地方，可以做些新的东西出来，可是新是要新，但同时不能破坏环境。所以这个建筑，最好在苏州里面摆进去，不觉得好像完全是新的一样，它应该有根。这也是现在建筑的思想跟我的思想的不同之处。不论到什么地方做，我总觉得这个历史传统，一条根啊，非常重要。苏州的根我已经找到了，所以就比较有把握。所以我走的这条路，比较保守，你可以这么说，我觉得保守这两个字不是很坏的两个字。建筑师们得想一想，历史非常重要，没有这个历史，根本是活不了太久的。过了几十年就过去了，新的又来了。所以我的看法是，历史跟这个新的潮流，怎么说，Continue，是连起来的。觉得以前的不好，过时了，就断掉，换一个新的东西，这条路我不走。所以，在苏州很多根都很新鲜，都是活的根。

Q：2001年当您接受苏州市政府的邀请来设计苏州博物馆的时候，已是八十几岁高龄，从事务所退休也有十余年的时间，您能谈一下当时的一些具体情况吗？

A：苏州博物馆的设计可以说是我最末了的挑战，因为我退休已经有十二年了，退休后我接受的工作大部分都是比较愉快的和简单的。不是像这个，这是我的故乡，我不能轻易地做。

早在十几年前，当时苏州的市长就想请我在苏州设计一座建筑，并带我在苏州到处转，希望我能够选一个合适的地方。我看了以后说，市长啊，老实跟你说，我没有在苏州做建筑这个兴趣，苏州有很多问题比建筑还要重要。他问是什么问题，我说是治水。我说我小时候苏州的河浜比现在要干净，可以在码头洗衣服，现在的情况比以前要糟。苏州是水乡，水死了以后苏州就死了。那是十几年前，我说那个河浜弄干净以后我会来给苏州做建筑，水比建筑更重要啊。

贝聿铭纽约寓所内景 / 摄影：杨冬江

Q：在苏州博物馆的设计中，您利用与拙

贝聿铭纽约寓所的后花园，联合国秘书长以及靳羽西等都是他的邻居／摄影：杨冬江

贝氏建筑事务所/摄影：杨冬江

政园相邻的高大外墙运用片石营造了中国山水画的意境，给人以耳目一新的感觉。

A：中国的园林历来都跟诗、画有关系，堆砌山石的很多是诗人，是画家。苏州园林有很多东西怪得很，你们觉得好啊？老实说我不懂为什么好，我总觉得这个里面有诗意，而这个诗意如何去表现？老实讲我也不敢做。

在苏州博物馆，园林很重要。园林和建筑是相联系的，但这个园林到底怎么做呢？我不能使用山石堆砌的手法，这个我不敢做。我不是画家，也不是诗人，现在也没有这种匠人来帮我做，做不好的。这条路不能走，走新路，该怎么走？我从外国回来，我想来想去唯一的办法还是用石头画画。是的，这次，我要用石头来画画。拙政园给我一个粉墙，很高，那个粉墙大概十几尺高，好像一张纸。我们再到山东去找石头，找各种奇形怪状的石头，运来一批，切了以后，各种各样的形状，每块石头几十吨。我就坐在现场，手旁边有一幅画，宋朝米芾的山水画，我就指挥工地上的人现场摆这个石头给我看，好几天啊。用石头画画，这就是我想的办法，我不会堆石头，就走新的路。不一定走得通，但是试试看。所以很多东西要想，要更新。

Q：在您的很多作品中，似乎都非常注重光影的运用？

A：对于任何建筑来讲，光都是塑造形状与空间的关键。没有光，就不会有形状；没有光，就不会有空间。除了光与空间，形状与空间，对于建筑物来说另一个重要的方面即是运动。影是运动的，树影，水影，包括建筑的影子。没有光就没有影，在苏州（博物馆）这两点表现得更为重要。

Q：您在中国的项目大多由国内的设计院所来配合深化设计，在合作过程中您对国内建筑师的印象是怎样的？

A：中国的设计师，我觉得他们很好，能力都很强。我觉得现在很多建筑都不需要外边来参加了，中国人应该自己来做。很多大型的项目不一定要到国外去找建筑师设计，应当像日本一样，自己来，所以日本已经出来很多有世界影响的建筑师。法国也是如此，密特朗总统尤其注重这方面，法国现在很多著名的建筑师就是从他执政那个时代培养出来的。所以现在中国的建筑师，关键是要敢于给他做，让他们有机会，慢慢做了以后就能成长起来。我认为这次奥运会应该多给他们机会，给他们挑战。

■采访及图片整理：杨冬江

■本章图片除署名外均由贝氏建筑事务所提供

中国驻美大使馆新馆

02

高度的向往与追求

SOM与金茂大厦

Aspiration and Pursuit
SOM and the Jin Mao Tower

550
500
450
400
350
300
250
200
150
100
50
m

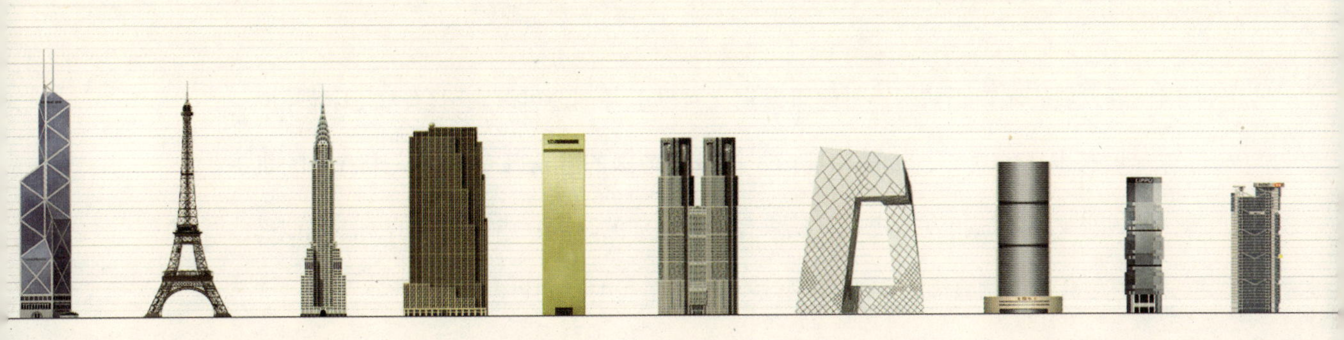

增高的城市

中国快速发展的城市正试图通过建筑来定义自己，并创造可以表现自己的天际轮廓标志。中国发展的决心、速度和规模，使世界各国的建筑师获得了从未有过的机遇。在人类文明的城市发展史中，从未有过像这样的时刻：中国城市的天际线似乎每天都在变化，高层建筑的大规模兴建成为中国备受关注的焦点之一。

中国现代高层建筑的发展起源于20世纪初的上海。1933年10月由匈牙利建筑师邬达克设计的上海国际饭店落成，建筑高82.5米，共24层，成为当时的“远东第一楼”。上海国际饭店的建成，表明当时上海的高层建筑建造技术已经达到了亚洲先进水平。然而在接下来的数十年中，中国的高层建筑却一直保持在这样一个高度。20世纪70年代中期，香港地区、新加坡、韩国和台湾地区以持续高速的经济增长而走上了城市化之路。到了80年代，三个人口更为众多、地域更为广阔的东南亚国家——印度尼西亚、马来西亚和泰国以更快的速度发展，亚洲城市化进程势不可挡。在这些国家的城市化进程中，建筑高度的竞争成为了各国表现自身优越性的主

上海国际饭店／图片提供：梁雯

上海金茂大厦模型

要手段，历史上最相近的情况，是纽约与芝加哥之间的竞争，然而亚洲新兴国家试图在建筑高度上超过对方的势头远远大过美国的这两座城市。当亚洲的其他国家跟随着西方迅速城市化的时候，中国的城市建筑依然以以往时代的遗留建筑和简易现代主义住宅、办公建筑为基调。新中国建立之后，除了建国初期所建造一些形象建筑之外，中国的城市天际线没有突出的变化。谁也没有料到的是，进入20世纪90年代以后的中国，城市之间建筑高度的竞争态势和建筑高度的攀升速度超过了以前的任何时代和任何国家。

伴随着20世纪90年代中国经济的巨变，城市在短短数年中陡然增高，追求高度的激情和城市化的渴望互相交织在一起，高楼大厦作为现代化、国际化大都市的形象早已深入人心。此时的中国政府和中国人民都因这种突然降临的经济繁荣而增强了文化自信和振兴的强烈愿望，超城市化和超高层建筑就必然成为一种最为直接和最为直观的表征。

中国人的摩天梦几乎是在十年之内就得以实现。

深圳地王大厦

中国高层商业性建筑的开发，在20世纪80年代才刚刚开始。80年代末，中国超过100米的建筑也不过30余座。然而90年代以来，百米以上的建筑已超过100幢。1990年，昔日的中苏友好大厦对面，出现了一座由三座塔楼组成的山状建筑。这是由约翰·波特曼设计的上海商城，高164.8米，一跃成为上海浦西当时最高的建筑。同年，广东国际贸易大厦建成，高198.4米，成为当时全国最高建筑。但是这个记录只保持了很短的时间。同年稍晚建成的北京京广大厦，高208米，成为我国首栋突破200米的超高层建筑。1996年，81层的深圳地王大厦建成，高326米，再次刷新了记录。

上世纪末，中国各大城市的变化是如此迅猛，城市的迅速发展把中国建筑推到当代世界的洪流之中。各种建筑思潮和建筑风格不断涌现，猛然“现代化”了的中国城市鲜亮而时髦，充斥着各种从国外建筑书籍和杂志学习借鉴而来的“新潮”样式的建筑。政府和业主都渴望追求最新奇的建筑样式、最奢华的装修和最宏伟的规划远景。20世纪90年代的中国城市空间被巨型购物中心和高层商业大厦所占领，这些大多数由境外设计事务所或中外双方合作设计的建筑，第一次被纳入了真正商业运作的轨道，铺天盖地地涌入了人们的视觉空间。摩天大厦向当时的中国大众充分地展示了现代化的物质形象，并且作为中国社会改革开放的标志，成为经济实力和城市现代化水平的集中反映的代表，也成为各地政府、企业最为渴望的建筑形式，未来规划中高楼林立的景象从此屡见不鲜。那是一个城市增高的年代，在这其中最具有代表性的事件是上海金茂大厦的建造。金茂大厦以420.5米的高度被正式列入世界十大最高建筑，这座当时中国第一、亚洲第二、世界第三的超高层建筑不仅圆了中国人的摩天梦，也成为了上海市的新地标。

上海金茂大厦

民族化与现代化

曾经作为国际大都市的上海，自新中国建国以来，由于与地位特殊而享有城市发展优先权的北京不同，在城市发展上长期受到抑制，市政建设被“冻结”并持续恶化。上海，这个曾经是远东最大的工业、金融和贸易中心，日益从多元化的国际大都市退化为功能简单的国内工业城市。由此带来的问题是，上海在城市基础设施、住房等方面与其他国内城市一样远远落后于发达国家，甚至于亚洲其他城市。以至于当年陪同美国总统尼克松访华的专栏作家赖斯顿曾经对那时的上海做出了这样的评论：*“上海除了殖民时代的华丽建筑，再也没有给人留下别的印象”*①。面对这样的评论，当时的上海，甚至中国无法做出任何回应，这种缄默的状态终于被1999年金茂大厦的落成所打破。

1990年，邓小平在南巡期间首先提出开发浦东。1992年2月，当时的经贸部部长李岚清率领经贸部和下属14家外贸公司的一些负责人考察了浦东的整个环境，决定配合改革开放、开发浦东的总形势，在陆家嘴建造一座88层的超高层建筑，并定名为“金茂”。1992年12月，上海市人民政府正式批准建造金茂大厦，并从经贸系统各个部门，如上海国贸中心、外贸实业公司等单位抽调人员，成立筹建办公室。

我们可以看到，金茂大厦的筹建并不是一个简单的商业项目，可以说是当时中国经济和上海经济发展的标志性事件。在这个项目中，建筑已经不仅仅是一个具有使用功能的物体，更为重要的是它承载着当时中国经济发展的决心和结果。上海，这个

---

①詹姆斯·赖斯顿：《纽约时报》专栏作家。在尼克松访华前夕，时任《纽约时报》副社长的赖斯顿访问北京并从北京发出的题为《中国来信》的系列文章，文章发表后在美国引起轰动，掀起一股中国热。“A View from Shanghai”, New York Times, 22 Aug. 1971

上海金茂大厦局部

曾经的国际化大都市，在沉寂了近半个世纪之后，向全国，乃至全世界宣布的是：它将以上海浦东陆家嘴的开发为信号，成为引领中国城市化的先锋。而在之后的近二十年中，其发展态势和规模的确已远远超过了其他国内城市。*中国希望通过这样一个超高层来带动上海的发展，同时提升中国的对外贸易的形象，所以说他们期待的是一座中国第一高度的超高层建筑。*①

在项目立项之初，金茂大厦就被定位成88层的超高层建筑。除了这个高度上的要求之外，业主方更感兴趣的是反映中国特色的高层建筑。使这个建筑看起来是属于上海的，并且有标志性。

上海金茂大厦模型

1993年的2月，金茂大厦筹建办公室邀请了国际、国内六家设计事务所参与设计方案的

①摘自本书作者2007年对SOM事务所合伙人斯坦·克里斯塔的专访。

SOM事务所建筑副合伙人彼得・怀斯曼特／摄影：杨冬江

竞标。1993年5月，经过国际性的专家评审，听取规划部门、政府部门的意见。在六家方案中，SOM带有强烈中国文化元素的“宝塔”方案深深地打动了政府部门、开发商和广大的中国民众。

*我们请了六家设计事务所，有中国的，有日本的，有美国的，很多的事务所来参加这个方案的竞标，这些事务所当时也都非常兴奋，能有这么个机会在这么一个有几千年文化的古国建造这么一栋超高层建筑，所以他们都派出了最强有力的设计团队，非常认真地来参加这个方案，历时两个多月，他们交出了最后的方案，应该说这些方案都非常的好，但是在这些方案中间，目前中选的这个65号方案，也就是SOM设计的这个方案，是一个把中国的文化和我们现在的建造的这块地方结合得最紧密的这么一个方案，当时所有的评委都看中了这个方案。*①

在方案评审过程中，起到主导作用的是日本建筑师黑川纪章，他在会上第一个发言并指出，虽然他也比较欣赏日本日建株式会社设计的方案，但是他的票还是要投给SOM。因为SOM的设计只属于中国，属于上海。日本的方案可以造在东京，可以造在纽约，可以造在世界上任何一个地方。在黑川纪章看来，在中国的上海建造带有中国文化元素和中国传统符号的建筑是尊重地方文化的具体表现。

对于地方主义和地方文化，站在中国的立场和文化态度上看，民族主义情节一直存在于中国近现代的意识形态之中。在追求城市现代化的同时，挥之不去的是政府、大众对于民族化的坚持。然而从建国至今，对于民族化在建筑上的表现却从未真正地找到出路。在不同的历史阶段，中国建筑师针对这个问题，不断地做出各种努力。然而，在如何在建筑中利用传统的问题上却始终没有找到明确的道路。20世

①摘自本书作者2007年对时任金茂大厦工程技术总监阮镇基的专访。

纪80年代，来自于官方和建筑界本身对地方主义和历史样式的提倡，导致了对传统问题的再一次反思。由于80年代文化和思想的开放和自由，国外建筑师的理论，如以文丘里、贝聿铭为代表强调非传统地利用传统，传统不过是为我所用的工具的言论；或以黑川纪章为代表强调挖掘传统精神的理论，以及这些建筑师的创作实践开始被中国建筑师接触。这种接触，在当时确实丰富了中国建筑师对传统的理解，这些观念提供了在不抛弃传统的条件下创造中国当代建筑语言的可能性。而那个时期在中国开始建设的一些境外设计师的作品，更加为当时的中国建筑师，以至于中国政府、业主提供了民族化和现代化的现实可能。

美国建筑师贝聿铭设计的香山饭店，它在对中国传统建筑的创造性运用上曾对中国的建筑行业产生了巨大影响，香山饭店建筑立面装饰的传统建筑符号的运用，无亭的曲水流觞平台等，曾被誉为对民族化的成功探索。对于当时的中国建筑师来说，香山饭店是一个鲜活的实例。在这之后，波特曼在中国的项目也通过使用传统文化符号来表明对于当地传统的尊重。

在同一时期，建筑民族化的另一种表现形式是盛行一时的复古主义。北京国家图书馆和山东曲阜阙里宾舍是这次复古思潮的代表作，尽管它们使用钢筋混凝土模仿古典木构斗栱和大屋顶的做法，遭到一些建筑师的指责，但我们需要承认的是这些作品对传统的真诚理解与怀旧情绪，达到了较高水准。这两个建筑在国内的多次获奖，将当时的中国建筑设计引导到一个指向过去的趋势。在那个时期，以北京为中心的复古倾向是极力复归中国古典建筑传统，而以上海为中心的复古思潮却是在极力追怀“洋古典”。一时之间，在上海半殖民地时期的学院派风格建筑被视为上海

北京国家图书馆／图片提供：梁雯

的“文脉”，成为了建筑师主要的模仿对象。

进入20世纪90年代以后，这种带有后退性质的复古主义建筑中民主主义精神的缺失特性，使其不可能成为中国经济崛起的代表。尤其是金茂大厦，这样一个标志着中国经济腾飞的项目，民族特征和现代特征的同时强调成为了建筑形态的首要因素。SOM对于金茂大厦的方案最打动人的是中国的建筑风格和建筑元素加上先进的建筑技术，这两方面的结合恰恰满足了20世纪90年代中国各个层面的精神需要。

上海金茂大厦

这个方案不仅暗含了中国传统建筑的元素，同时也融入了许多新的技术。①

SOM的设计方案实际上是用当地的文化元素对他们驾轻就熟的高层建筑做了一个符合当地意识形态的表述，这种表述方式不但为其事务所赢得了设计当时中国最高建筑的机会，同时还深深地影响了中国和各国建筑事务所在各种建筑投标中的建筑思路。这种比喻形式的设计阐述，以传统文化元素作为线索的设计概念，在这之后成为了建筑师与业主的主要沟通方式，并且屡试不爽。

当中方的业主来到芝加哥的时候，我陪同他们参观了汉考克大厦和希尔斯大厦。他们对怎样在高层建筑中采用高新技术和先进的结构理念非常感兴趣，而且也非常关注我们是如何把中国的宝塔式建筑风格融入到金茂的设计中的。②

中国建筑理论界对于金茂大厦的关注和评论既不如建于它之前的香山饭店，也不如建于它之后的国家大剧院。尽管金茂大厦是当时中国最高的建筑，像其他高层商业建筑一样，它们被排在了建筑理论评价体系之外。一方面的原因是因为其商业建筑的属性，但最主要的原因是高层建筑作为一种建筑类型，技术的重要性远远大于设计概念。在20世纪90年代，我国的建筑设计界对于这些专业性很强的技术仍处于学习和掌握的阶段，因此所有针对金茂大厦技术方面的评论更多的是一种研究和探讨的姿态。

而创建于1933年的SOM建筑设计事务所，在20世纪30年代就已经开始了对新时代建筑的探索。1952年SOM设计了世界上第一座玻璃幕高层建筑——纽约利华大厦，纽约时代周刊曾这样赞美利华大厦“这幢闪烁着海洋色彩的宝石般的建筑，使得我们在现代建筑的建设中，无论是在艺术上还是在技术上都向前迈出了重要的一步”；

---

①②摘自本书作者2007年对SOM事务所合伙人斯坦·克里斯塔的专访。

纽约利华大厦 / 图片提供：梁雯

20世纪70年代，SOM又先后设计了高达100层的汉考克大厦和110层的希尔斯大厦，这两座大厦都曾经成为过世界第一高楼。SOM公司几乎成为高层建筑的代名词。面对这样的业绩，中方业主关心的是SOM在技术上，能为我们带来什么？

高技术

*我相信所有的建筑设计师从学校出来的时候都有这样一个想法——总的来说就是想设计像珠宝一样漂亮的建筑。作为一个高层建筑的设计师，你可以是这样一个概念，设计一个漂亮的像珠宝一样漂亮的"精品"。但是由于高层建筑的特殊性：它的大，它的尺度。比如说像金茂这样的建筑，它的建筑面积超过了30万平方米。对于这样一个大规模的建筑，你必须从系统的角度去考虑，必须从一个比较大的角度来看问题。要怎样把各种系统合在一起，能够让它们在一起适合。然后再去看那些细节，细节总有办法能够设计出来。*①

金茂大厦的挑战在于它的尺寸、高度和它的混合使用功能。高层建筑令人神往的一个重要魅力就在于，每当有这种新型高层建筑设计的时候，总是能够将科技更往前推进一步。与其他建筑不同，超高层本身是一种特殊的结构，更像是人或者其他生物一样复杂的有机体，这是高层建筑的通常特性。每一个高层建筑自身从外观上来看，或是带有中国传统文化元素，就像金茂大厦；或是带有中东的地方文化元素，如迪拜塔；或是没有任何地方特征的现代主义风格，但是它有一些最基本特质是一样的，任何一个高层建筑都需要有各种复杂的系统，如结构系统、交通系统、消防系统、空调系统，乃至于智能系统、玻璃幕墙系统等等，这些系统化基本的设计要素，随着建筑物尺度的增大、高度的和使用功能复杂化的增加，这些基本系统也随之而趋向越来越复杂，并且它们之间的联带关系也随之更为紧密。

---

①摘自本书作者2007年对SOM事务所建筑总监彼得·怀斯曼特的专访。

上海金茂大厦

上海金茂大厦

金茂大厦建筑面积为近30万平方米，其中包括555间客房的君悦酒店，而拥有6层的裙房主要包括了酒店的功能区域，如会展中心和影剧院，以及21000平方米的购物中心。除了塔楼和裙房之外，还有57000平方米的3层地下室。在地下空间中，容纳了993个汽车车位和1000个自行车位，以及酒店的服务设施、商业空间、餐饮中心和其他机电设备用房。整个建筑共88层，高度达到了421米，成为了20世纪中国最高的建筑。

面对这样的建筑尺度，首先是技术方面的挑战。在设计和建造这个中国第一座超高层的过程中，无论是SOM还是中方的设计、施工人员都面临着各种各样的问题。中国的设计单位、施工单位在此之前都没有接触过类似难度的项目，经验的缺乏是当时中方所面临的主要问题。由于国内设计单位在这种超高层的设计中经验和技术积累相对不足，同境外知名设计公司合作并学习其先进技术成为最佳的选择。

事实证明，SOM作为具有丰富高层建筑设计和施工经验的建筑设计事务所，在金茂大厦长达6年的设计施工中，为中国业主提供了一流的设计和一流的服务，表现了一个设计团队的专业品质。

这个项目对于我们施工方来讲还是属于边干边学，SOM在这一方面对我们非常的关

SOM事务所结构工程合伙人马克·萨克斯安在上海金茂大厦施工现场

心。一般的设计单位是，我给你设计，我提供图纸，至于你怎么组织，怎么施工，这个不是我的事。但SOM不是这样，他们非常关心我们采用什么样的施工管理模式，我们的施工方案到底是怎么样的，他们都非常的关心，他们就是希望SOM的设计能够不折不扣地完美实现。①

金茂大厦建设的年代，超高层建筑在中国的建筑规范中并无明确的规定。中国《高层民用建筑设计防火规范》(GB50045—2001年版)中规定：10层及10层以上的居住建筑，或高度在24m以上的公共建筑，称之为高层民用建筑。在规范中，针对避难层、停机坪、消防水压、灭火设施、正压排烟及火灾自动报警等方面，对于高度超

① 摘自本书作者2007年对上海建工集团总工程师范国庆的专访。

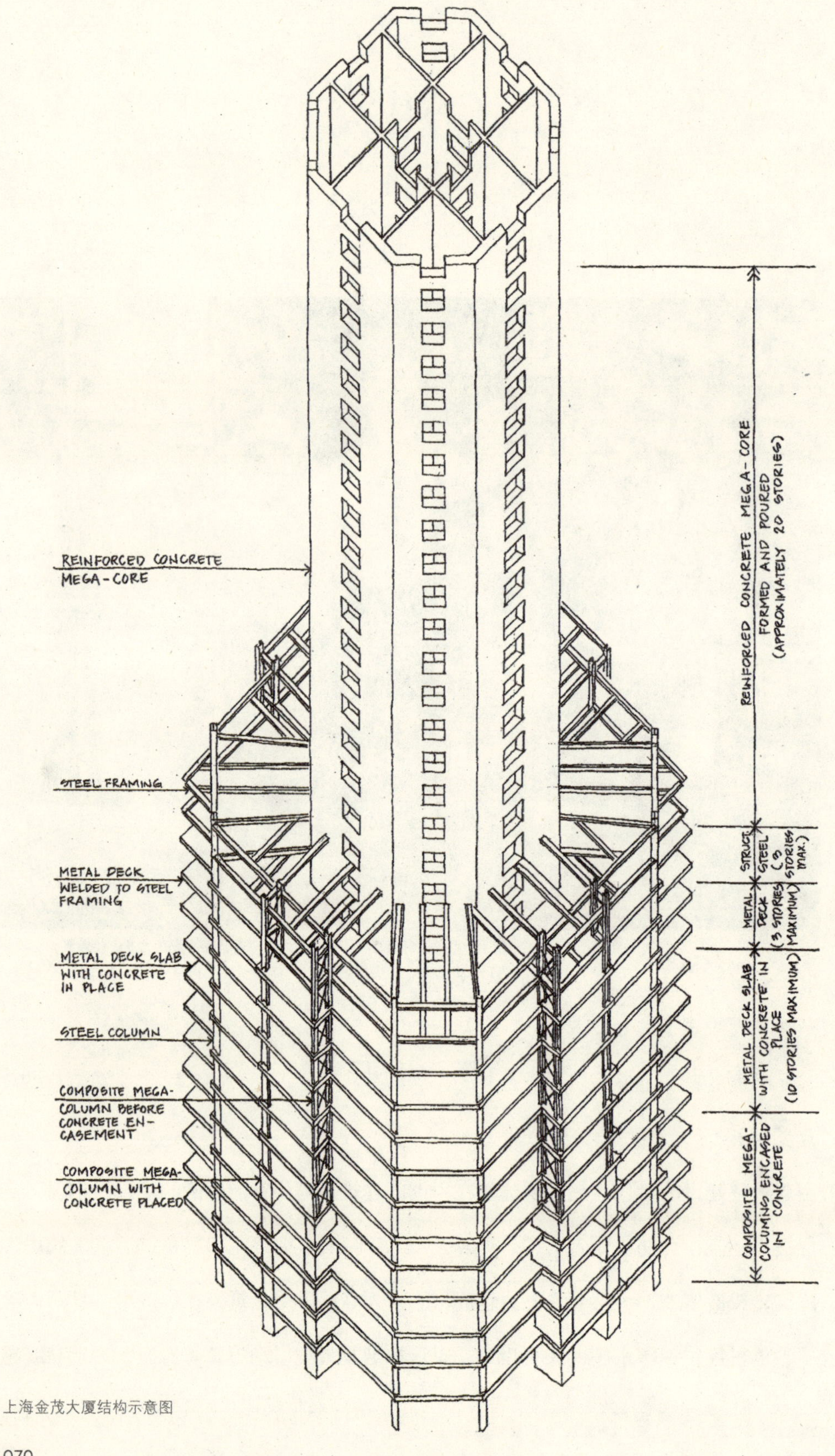

上海金茂大厦结构示意图

上海金茂大厦施工现场

过100米或层数超过32层的民用建筑有特殊要求，但是却缺少针对超高层的建筑规范。因此在金茂大厦的建造过程当中，《美国统一标准建筑规范》{United States' standardized Uniform Building Code（UBC）}被当作了主要的参考规范。尽管在最初阶段中国建筑界的专家大多数持反对意见，但经过SOM将美国的设计规范与中国的设计规范进行了仔细的分析和比较之后，一些资深的院士和专家开始认识到SOM分析的科学性和合理性，他们认为当时中国的建筑规范同发达国家相比，确实存在一些落后的因素并需要不断地改进。正是这种双方共同认真对待的科学态度，促成了在金茂大厦的项目中，中国建筑规范和美国建筑规范共同成为了设计依据，并且这种科学、严谨的合作态度使得双方在以后合作中共同解决了一个又一个的技术难题。

上海金茂大厦

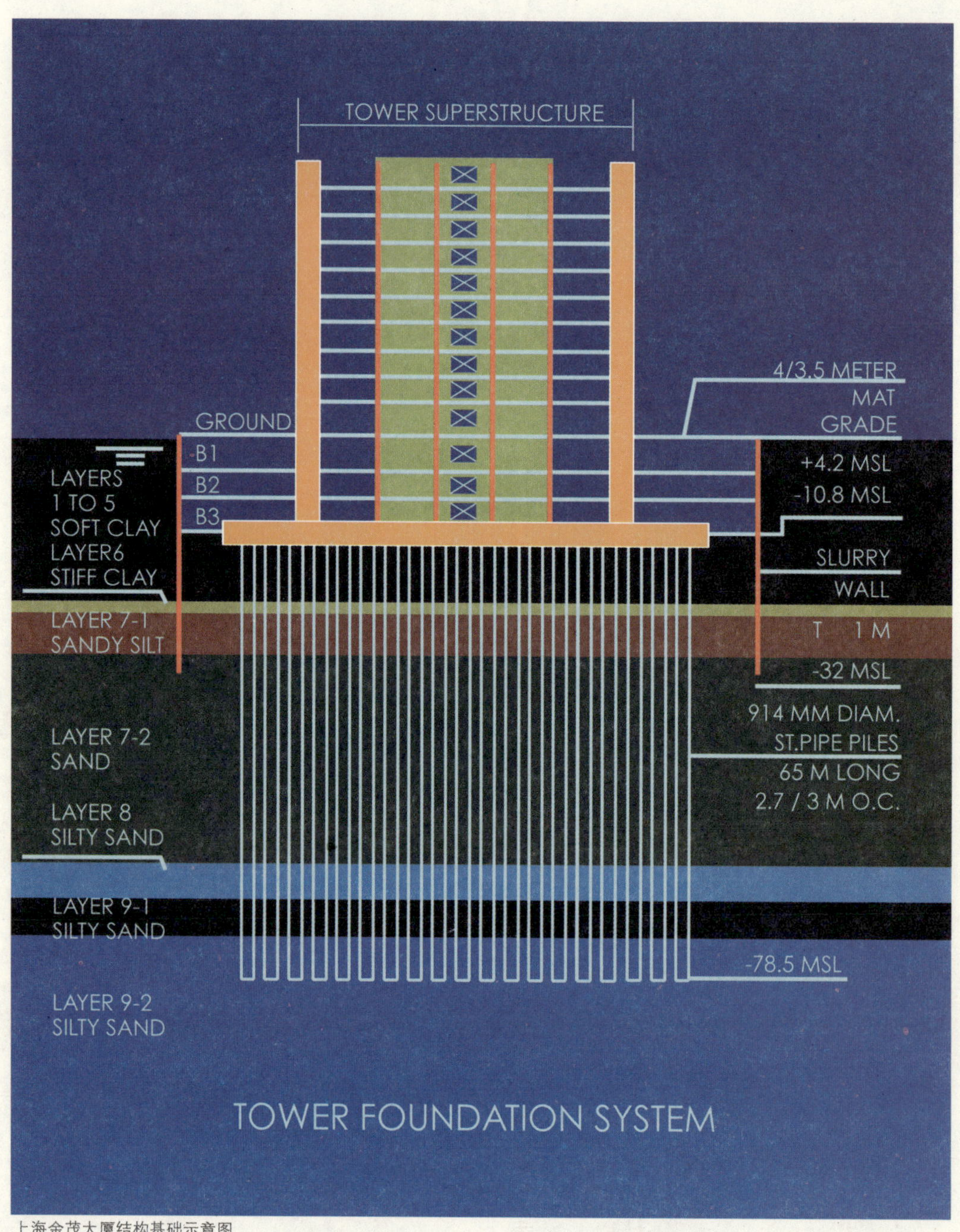

上海金茂大厦结构基础示意图

上海金茂大厦施工现场

外滩是上海的都市风景线，远眺对岸，浦东陆家嘴地区的新姿与浦西外滩遥遥相望，但来往的人们不会想到，他们脚下的这片土地并不是十分稳固。据地质学家调查，陆家嘴实际上是黄浦江下游的一个土质松软的半岛，地表以下40米都是淤泥。金茂大厦设计之初，SOM的工程师就已经意识到了这个问题。据地质学家测算，地处冲击平原的上海一直在下陷之中，这一片地下300米才有岩石层，平均每10年要下沉约10厘米。在这样的软土层上建造摩天大楼，如果地基不够稳固，就很难支撑起如此庞大的重量。SOM的工程师们将金茂大厦的基础深度设计为80米，桩基穿透淤泥层，达到坚硬的岩层。这相当于把一个25层的大楼埋在了地下。

一般建筑中所存在的问题，在超高层建筑中会严重很多。例如高层建筑要承受侧向的风力，也就是风荷载。在正常的风压状态下，距地面高度为10米处，如风速为5米/秒，那么在90米的高空，风速可达到15米/秒，若高达300～400米，风力将更大。风速达到30米/秒以上时，高层建筑产生的晃动十分剧烈。纽约世贸中心通常摇晃偏离中心0.15～0.30米，在强飓风作用下，位移可达1米；芝加哥西尔斯大厦在大风情况下最大偏离中心可达2米，在安装了陀螺平衡装置后可调整到1.3米。在金茂大厦的项目设计期间，由于缺少400米这种高度的超高层建筑规范，中方对于风荷载的计算和有关设备的变形计算依据的是理论推算。而SOM在这方面却拥有大量的实际经验，并且特地委托加拿大风荷载的研究所，针对金茂大厦专门进行了风载实验，并依据实验结果对荷载进行了合理的调整。SOM事务所超高层建筑抗震、抗风荷载方面专家马克·萨克斯安针对金茂大厦特殊的地质条件和地理位置，采用了非常牢固的桁架结构，这些巨型的桁架将核心筒和外柱连接起来，起到了连接、支撑和分散建筑受到的外力的作用，使建筑本身更加牢固。

*我们做了一个小的木模型，你会看到如果我们在关键的节点上使用铰节点的话，各部分结构就可以移动，这样的设计反映了我们从核心筒到外周边柱的连接的结构概念。所以假如左边是核心筒，右边是周边柱的话你会看到各个结构之间可以互相移动。这整个的行为就好像是一个机动的移动过程。在施工结束之后，我们将这些铰节点再重新锁定，以便承受施工完成后的风力荷载和地震荷载。*①

---

① 摘自本书作者2007年对SOM事务所结构工程师马克·萨克斯安的专访。

SOM事务所结构工程合伙人马克·萨克斯安／摄影：杨冬江

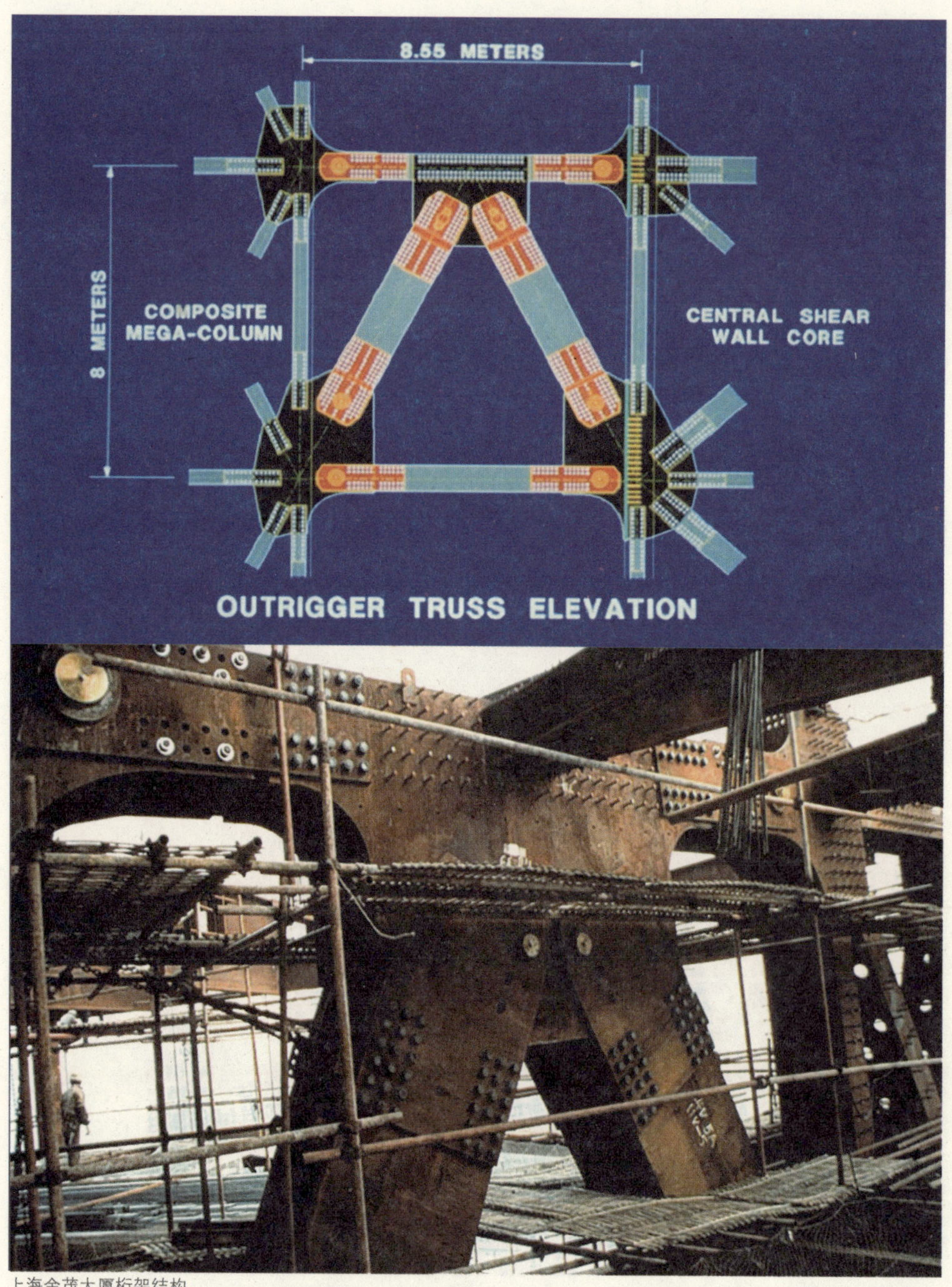
8.55 METERS
8 METERS
COMPOSITE
MEGA-COLUMN
CENTRAL SHEAR
WALL CORE
OUTRIGGER TRUSS ELEVATION
上海金茂大厦桁架结构

最先进的结构工程概念被运用到这个建筑中，用以抵御台风、地震的发生和不尽人意的地质条件。整个建筑是“框筒结构”，也就是中间是一个核心筒，外面是8根柱子，这个柱子就相当于框架。这个结构体系的特点是，垂直荷载相对稳定而水平荷载相对欠缺。在这样的情况下，如果两者结合得好，水平刚度就会提高，抵抗风荷载的力度就会加强。SOM巧妙地运用三组悬臂桁架把外面的框架跟里面的核心筒连成一个整体，这三组两层高的桁架分别位于建筑的24～25层、51～53层和85～87层，通过大号圆形螺栓连接在一起。这种销钉连接方式提供了核心筒和外部钢结构之间可以相对活动，解决了钢结构和核心筒的混凝土材料变形的不一致，从而适应由于施工过程中的不同温度和其他情况所造成的一些收缩。这一系列的创新设计使整个建筑结构的水平刚度显著地提高。对于这个超高层的建筑来说，由于极少的材料可以满足抵抗风荷载和地震荷载的强度需要，因此钢筋混凝土和结构钢材的使用起到了积极的结构功效，提供了适合的体量、强度、阻尼性，以及结构的最佳性能。

在金茂大厦的设计和施工中，SOM除了提供全方位的建筑、工程和室内的设计服务之外，还作为声学、防火安全、建筑规范、地质勘察、照明、污水处理、电子通信、垂直运输、风力工程，以及室内和室外维护设施的顾问。各种艺术般的系统设计共同构成了这个世界最先进的高层建筑。金茂大厦的建设，对于中国提高建筑施工领域的技术水平起到了一个至关重要的作用。对于世界来讲，金茂大厦不单单是上海的金茂大厦，而是中国的金茂大厦。这个工程的顺利落成不但给予了国人工程技术水平上的自信，并且也使得世界对于中国的经济、技术实力开始重新评价。

结语

在西方建筑师进入亚洲市场的初期，建筑师一直试图建造一种专属亚洲的摩天大楼样式。出自西萨·佩里之手的“双子星塔”，这个一度是全球最高的建筑，融合了马来西亚的伊斯兰与东亚美学感受；SOM建筑事务所设计的上海金茂大厦表明，它也在寻找东方建筑的根源；李祖原设计的“台北101”大厦高度超过了500米，无论是否受到金茂大厦的启发，模仿的也是传统的宝塔造型；而SOM设计的迪拜塔，虽然在高度上超越以上所有的建筑，但在建筑形式上仍然是以中东文化为设计文化背景。在这一阶段的西方建筑师，或者是出于对地域文化的尊重，或是出于寻求与当地政府、业主的交流平台，在设计中，无论是设计概念还是建筑形式，都带有明显的地方特征的侧重。

由于2008年奥林匹克运动会，北京在进入21世纪之后开始了新的建造期。以国家大剧院为开端，这个时期建造的建筑如同狂野西部，将平淡无奇和触目惊心融为一体，形态各异的建筑散落在城市的各个角落。与此同时，中国的其他城市则表现出不甘落后，在竞相往高空发展的同时，建筑的体量随之变大，建筑的面貌也随之形态迥异，境外建筑师所表现出来的是一种欣喜若狂的状态，他们分散在中国的各个城市，用一个比一个不可思议的方案来挑战中国业主的接受能力，去建造以前在任何国家都不可能建造的乌托邦建筑。在20世纪末和21世纪初的中国，境外设计师给中国带来的更多是那些改变和占领着城市的建筑，并且其所表现出的不再是以东方

SOM事务所设计的迪拜塔

北京国贸中心三期／摄影：杨冬江

文化、地域性为依托，而是更为自我的状态。

与一些个性张扬的建筑不同，SOM在北京CBD设计并即将完工的国贸三期，并非像金茂大厦在外观上有很强的表现，也没有直接意义上的与中国文化的链接，它更着重一种没有时间和地域限制的姿态，似乎希望表现的是北京作为一个世界性的城市的通用特征。在广州，69层的珠江城将成为第一座零能耗摩天大楼。SOM试图通过风力发电机、太阳能电池板和水循环系统的结合，将能源重新注回电网。生态摩天大楼这种看似矛盾的建筑类型，已经开始出现在中国的城市之中。

从20世纪80年代开始，境外建筑师参与中国建设的二十余年中，建造了一批具有想象力的建筑，无论我们如何评价它们，这些建筑的确会改变我们看待建筑的方式。在这些建筑中，高层建筑以它特有的现代气质赋予了中国城市前所未有的现代感，它代表了国家在上升的重要性；它像是一个有象征意义的雕塑，描绘了一个自己国家不断向发达国家迈进的图像，在这个场景中民众会获得巨大的自信。

文：梁雯

北京国贸中心三期施工现场／摄影：侯晔

SOM事务所结构工程总监、合伙人斯坦·克里斯塔

斯坦·克里斯塔访谈

Interview with Stan Korista

时间：2007年10月4日／地点：美国芝加哥

Q：上海金茂大厦的设计至今已经过去了十几年，作为这一项目的主要参与者，是否可以再为我们回忆一下当时的情况？

A：当初刚开始设计的时候，业主就希望通过这样一个超高层来带动上海的发展，同时提升中国的对外贸易的形象，所以说他们期待的是一座中国第一高度的超高层建筑。另外，在当时设计任务书中除了高度上的要求之外，他们当时也希望建筑的个性中能够传达出传统与现代的交融，能够成为上海新的地标性建筑。我们当时的设计合伙人亚德里安·史密斯，在深入地研究了中国传统的古代建筑和结构以后，提出了这样一个设计方案。这个方案不仅暗含了中国传统建筑的元素，同时也融入了许多新的技术。当中方的业主来到芝加哥的时候，我陪同他们参观了汉考克大厦和希尔斯大厦。他们对怎样在高层建筑中采用高新技术和先进的结构理念非常感兴趣，而且也非常关注我们是如何把中国的宝塔式建筑风格融入到金茂的设计中的。

SOM事务所原设计合伙人亚德里安·史密斯

在这当中还有一个很有趣的插曲：有一天，在与中方业主共进晚餐的时候我们突然意识到总共是有8个人坐在桌边，而且当时的日期是1993年5月8日；然后，其中有一位看了一下手表，当时的时间刚好是8点08分，所以当时就有了这样一个说法，那我们的设计就围绕着8来进行吧。当然，并不是说这样一个事件引发了整个设计的灵感和基调，但这也确实为我们提供了一个很好的设计思路。

Q：当时SOM是如何决定去参与金茂大厦的方案竞标的呢？

A：在得知了竞赛的消息以后，我们对金茂大厦的项目就非常感兴趣，这对于我们来说是一个难得的机遇。SOM从20世纪30年代开始创建以来就十分重视在国际市场上的发展，在我42年的工作经历当中，有很多的结构设计都是美国以外的项目。能够在这一个充满未知的神秘国度设计第一高度的建筑，我觉得这本身就是一个非常有

SOM建筑事务所／摄影：杨冬江

SOM建筑事务所／摄影：杨冬江

意义的挑战。而且被邀请设计这样一个需要反映中国特色的建筑，这对建筑师本身来说也是一个非常有趣的课题，再加上地标性的设计因素，这些都让SOM对这样一个挑战充满期待。

Q：面对这样一个挑战，SOM在具体的设计环节是怎样进行处理的呢？

A：我们开始设计的时候就意识到金茂大厦作为上海第一高度的时间不会很长，因为当时看到，在上海浦东的总体规划里面会有两栋更高的建筑出现在金茂的旁边，而且其中最近的一栋现在已经建成了（上海国际金融中心）。因此，我们的设计目标就是使金茂大厦能够从形象上代表上海、代表中国，而并不是一座简单意义上的超高层建筑，目前看来我们做到了这一点。金茂大厦的结构设计，有4个角和8个柱在中间。我们的核心筒是八边形，八边形的核心筒与周边的巨柱连在一起。而且，我们希望在这个体系里注入更多全新概念的结构形式，并保证史密斯设计的外观形象能够最完美地表现出来。

Q：SOM提出的方案是否从开始就令中方满意？在项目实施的过程中是否对方案进行了一定程度的修改？

A：我觉得客户从一开始就十分欣赏我们的设计，假如你看了我们竞赛图纸就会知道，我们的竞赛图纸与最后的实施方案是很接近的，这也在一定程度上反映了SOM的设计能力和水平。由于同中方进行了很好的沟通与配合，项目的实施过程也进行得较为顺利，最后的成果双方都很满意。

Q：对于现在超高层建筑更多地出现在发展中国家

斯坦·克里斯塔／摄影：杨冬江

这一现象您是怎样看待的？

A：不仅是在发展中国家，美国现在也在造很多超高层建筑。当然，你所提出的问题确实反映了当前的一个普遍现象。我想，超高层可以被看成是一个具有象征意义的雕塑，象征着城市前进的脚步，代表了一个国家的上升态势。它是一种技术和能力的象征，代表着自己的国家不断地向发达国家迈进。

Q：参与金茂大厦的设计给您留下了怎样的回忆和感悟？

A：像金茂这样的设计其实有很多挑战，如土质条件差，同时要设计抗风、抗震，在当时来讲觉得有很多困难摆在我们面前。但是，最终我们做到了，这样一个过程对我来说是非常有价值的。对于参与这个项目的中方设计人员来说，金茂大厦为他们打开了一扇门——很多不可行的事情终究会变得可行。

■采访及图片整理：杨冬江

SOM事务所建筑副合伙人彼得·怀斯曼特 / 摄影：杨冬江

彼得·怀斯曼特访谈

Interview with Peter Weismantle

时间：2007年10月4日／地点：美国芝加哥

Q：作为上海金茂大厦设计项目的主要参与者，我们想请您谈一下当时设计过程中的一些情况。

A：金茂大厦设计的主要部分都是在芝加哥完成的，当时设计的目标就是如何使它看起来是属于上海的，有它独特的气质并且具有标志性的形象。

金茂大厦的特殊性在于它是一个多功能的建筑。其中有酒店、办公还有商业，这种综合性的使用就给功能设计带来了很大的挑战。建筑就像是一个容器，如何将人与物容纳在一起，同时又保持每一个个体的运行都相对完整，并且互不干扰，是金茂大厦设计过程中最为关键的环节。

SOM建筑事务所

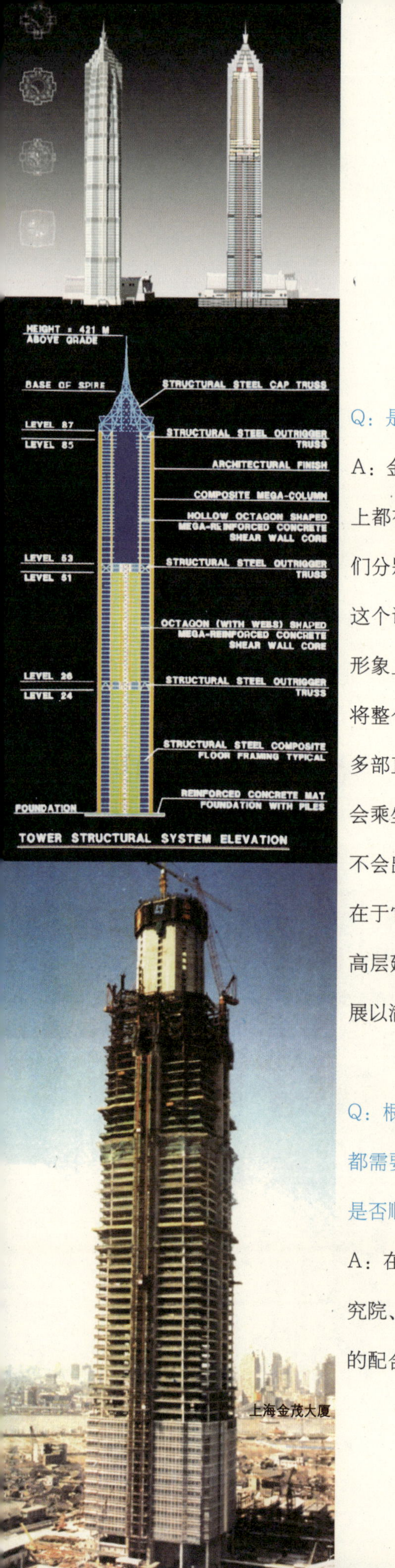

上海金茂大厦

Q：是否可以再展开谈一下呢？

A：金茂大厦中无论是酒店、办公还是商业，在功能使用上都有各自不同的需求。例如在交通流线的安排上，我们分别为酒店、办公和商业设计了专属的大厅。同时，这个设计本身不仅是在功能上把它们分开，而且还要在形象上、形式上把他们区分开。像办公楼的入口，我们将整个大厅面积的三分之二作为它的交通空间，设计了多部直达26到55层办公楼的专用电梯。而酒店的客人则会乘坐另外一个大厅的直达电梯到达酒店的中庭，双方不会出现任何干扰。刚才我已经提到，金茂大厦的挑战在于它的体量、高度和它的综合性，每当这种现代的超高层建筑出现的时候，总是会带动科技向更高的方向发展以满足它不断增长的需求。

Q：根据中国建筑设计管理的相关规定，设计的深化图纸都需要由中方的设计院配合完成，金茂大厦的合作过程是否顺利？

A：在设计的深化过程中，我们同中方（华东建筑设计研究院、上海建筑设计研究院，今上海现代建筑设计集团）的配合非常顺利。当时，SOM提出了许多新的技术和概念，中方的设计院会根据当地的经验提出他们的意见。在施工图纸的深化以及材料的选择等方面，中方也都做出了很大的贡献。其中，我觉得最重要一点就是大家的互相理解和尊重，还有信息的共享，这些对当时金茂大厦的设计是很重要的。

Q：在与中方设计院的合作过程我想肯定也会有分歧或意见不一致的时候。

A：分歧当然会有。比如消防问题，金茂是当时中国最高的建筑，建筑的防火规范对于双方来说就是一个新的课题。当时的问题是，消防设计要达到一个什么样的标准和等级。SOM提出只要将消防人员运送到失火地点，针对于此还做了一份设计报告。那么，当时问题的关键就是，相应的消防措施在中国国内的规范里面是没有的。类似的问题还有很多，但是在互相理解和讨论之后，大家最后还是达成了共识。我觉得正是因为双方都是非常具有奉献与合作精神的职业设计师，我们的合作才会取得成功。

Q：在超高层建筑设计领域，SOM可以说在世界范围内都是最优秀的，作为事务所的项目主管，请问您对超高层建筑是如何定义的?

A：对于高层和超高层建筑设计来讲，我认为它们都有一种通常的特质。虽然超高层本身是一种特殊的结构，但它就好比我们人类一样，看起来像是美国人或者中国人，其实都是一样的有机体。高层建筑的一些最基本特质都是一样的，比如说都需要有主体的结构来抗风、抗震，这是高层建筑很重要的一部分。另外，他还要提供很多流线，比如说人流，还有物流。同时，它好比人脑一样，需要很多提供养分的设施，例如要为整个建筑提供供暖以及空调等等。因此，在超高层建筑设计中，如何将建筑内部的各项功能有效地组织在一起，并以同样的关注度来进行设计是非常关键的。

我相信所有的建筑设计师从学校出来的时候都有这样一个想法——总的来说就是想设计像珠宝一样漂亮的建筑。作为一个高层建筑的设计师，你可以是这样一个概念，设计一个漂亮的像珠宝一样漂亮的“精品”。但是由于高层建筑的特殊性：它的大，它的尺度。比如说像金

彼得·怀斯曼特／摄影：杨冬江

茂这样的建筑，它的建筑面积超过了30万平方米。对于这样一个大规模的建筑，你必须从系统的角度去考虑，必须从一个比较全面的角度来看问题。

Q：您在SOM事务所工作了多少年？

A：还有一个月就31年了，那时候我还有头发。

Q：根据您从业30余年的经验看，超高层建筑的设计风格和发展趋势都发生了哪些变化？

A：从美学角度来看，现在的建筑更加强调个体的特征。比如说，你现在会看到很多呈扭曲状的高层建筑，像北京的中央电视台新大楼等等。我认为这些建筑都是在很大声地强调自己的特征，但有时这种强调的声音可能显得过于强烈；从建筑的角度来说，可持续性是现代社会发展的潮流和趋势。在可持续方面，超高层可能算不上是一种节省能源的建筑。但如果换一个角度思考，它可以把大量的人集中在一栋楼里，站在城市化的角度，它实际上是一个非常有效的措施。另外，在交通能源的节省上，建设超高层建筑也称得上是一个很有效的方法。

■采访及图片整理：杨冬江

■本章图片除署名外均由SOM提供

03

大音稀声 大象无形

保罗·安德鲁与国家大剧院

The Taoist Plane

Paul Andreu and the National Center for the Performing Arts

2007年9月25日晚7点，位于人民大会堂西侧的中国国家大剧院第一次拉开了舞台的大幕。

波光粼粼的湖面上浮出的这座钛金属和玻璃交织的巨型圆顶建筑，从它开始孕育诞生的那一刻起，就注定备受关注。这种关注并不仅仅局限在中国本土，因为它也是中国政府第一次面向世界进行的大规模设计招标。这次全球招标，不仅显示了中国政府坚持开放之路的决心，也把全世界的目光都吸引到了中国大地。这个既简单又复杂，既明晰又隐秘的功能肌体承载了几代中国人的梦想，而从梦想到付诸现实所经历的四十年等待、两轮设计竞赛、三次方案修改、七年建设施工，使大剧院和它的最终设计者法国建筑师保罗·安德鲁一直处于舆论风暴的中心。

中国国家大剧院／摄影：杨冬江

迟到的大剧院

早在1958年，为了迎接建国十周年，中共中央决定在北京建设包括人民大会堂在内的多项工程，由于这项计划包括了十个大型公共建筑项目，因此又被人们称为“十大建筑”。这其中，就包括有中国国家大剧院。当时，大剧院的选址和建筑方案，都经过了周恩来总理的亲自审定。

然而国家大剧院项目最终还是没能上马。因为20世纪50年代末期，中国的经济建设刚刚起步，各项工作百废待兴。北京市为了天安门广场的拆迁，已经腾出了当时的各大部委办公楼来安置拆迁居民，实在没有能力再安置为建国家大剧院而拆迁的居民了，更何况建设大剧院的资金也是一笔庞大的数目，政府当时的财力非常有限。因此，在人民大会堂建设过程中政府毅然决定：不能因为建国家大剧院而损害人民群众的利益，缓建国家大剧院项目。这一缓建，先是遇上三年自然灾害，再是经历了十年浩劫，等大剧院重新被提上议事日程的时候，已整整过去了40年。

此时，当年修建的人民大会堂已经成为中国最典范的标志性建筑。在天安门广场建筑群中，国家大剧院与大民大会堂的距离最近，只相隔了一条马路。1958年，人民大会堂只用了10个月就兴建起来。但今天要在它旁边的这块空地上建造国家大剧院，设计师面临着一个又一个的障碍，这些困难是四十年前的人们难以想象的。例如，在整个天安门周边区域，国家大剧院如何与故宫、与人民英雄纪念碑相互呼应，如何与前门老街道相互协调，这都是在设计这座建筑时需要思考的问题。

竞标风云

1998年，注定在中国历史上是一个重要节点，这时改革开放进行了二十年，国家的经济实力发生了很大的变化，这些变化也在人们的心中埋下了新的希望和期待。随着经济实力的增长，改革开放的成就如何体现，成为一个非常现实的问题。开放的中国，在世界上究竟如何树立自己崭新的形象？或者，另一个问题是，中国也面临着选择，是继续开放还是安于已经取得的成就？这些问题似乎在国家大剧院的建设过程中逐步提示着人们答案是什么。

1998年4月，文化部在世界范围内进行国家大剧院设计方案的公开招标，这是第一次以中国政府的名义进行的全球设计招标。公开竞标过程中，中国建筑师第一次强烈地感受到可以和全世界一流的建筑师同场竞技，登上同一个舞台，并且受到同等的关注。同时，中国建筑师面临的挑战也是不言而喻的。

国家大剧院项目的开放，不仅体现在全球招标这个层面。整个项目的启动，都在相当透明而公开的程序中进行。各类媒体都参与到事件的报道中来，从发标开始，全国人民都开始关注这一项目的进程，这种关注也是建筑史上少有的。所有的人都在期待，期待着建筑师们的作品，建筑成为一个焦点行业，建筑师也成为社会明星。

媒体的声音中，似乎已经使中国建筑师处于一个劣势地位，一切似乎也在暗示着最终中标的会是一家外方设计师。在这种气氛中，国内建筑师的积极参与具有了一种别样的悲壮气概，尤其是有许多设计单位并没有收到招标邀请，这意味着他们这次

保罗·安德鲁第一轮参赛方案

方案没有保底费，如果失败，起码要接受几十万元的成本损失。这样的单位有好几十家，从招标会开始，中国建筑界便沉浸在一场大赛的氛围中，谁都知道竞争是惨烈的。无论参与竞标的设计单位有多少，胜出者只有一家。而接受邀请的单位也并不轻松，虽然经济上有保底费的支持，但他们的心理负担无疑也会更重。

时间过得很快，尤其是对于投入竞标方案设计的建筑师而言更是如此。不过无论时间的行进究竟是什么速度，大家都按时提交了设计成果，包括文本、图纸和模型。组委会决定把合乎程序规范的有效竞标方案向全社会公示，这也是一个开先河的举措。

一时间，中国革命历史博物馆前人头攒动，设计单位集体组织设计师来观摩投票，建筑院校的师生共同来品评方案，除了业内的人士之外，普通市民也纷纷来到博物馆，共襄盛会。是的，这的确是一次设计的盛会，全球共有一百五十多个方案送交，其中不乏名家之作。而对于中国社会来说，这又是一个第一次，第一次把大型公共项目的竞标方案向全社会开放参观，市民们不仅可以参观，也可以参与投票。

在如此重要的时刻、在如此重要的地段，设计建造一个有如此深刻文化内涵的大型公共建筑，无疑吸引了海内外众多建筑界精英的关注。但这不是一场建筑师随性的自我表演，而是一场有着严格条件限制的竞赛，因为政府明确提出了两条原则：第一，国家大剧院要成为首都新世纪的标志性建筑；第二，在天安门广场这个建筑群里，人民大会堂是“主”，国家大剧院是“次”，它既要明珠闪烁，但又不能光芒

日本矶崎新建筑事务所参赛方案

加拿大卡洛斯·奥特建筑事务所参赛方案

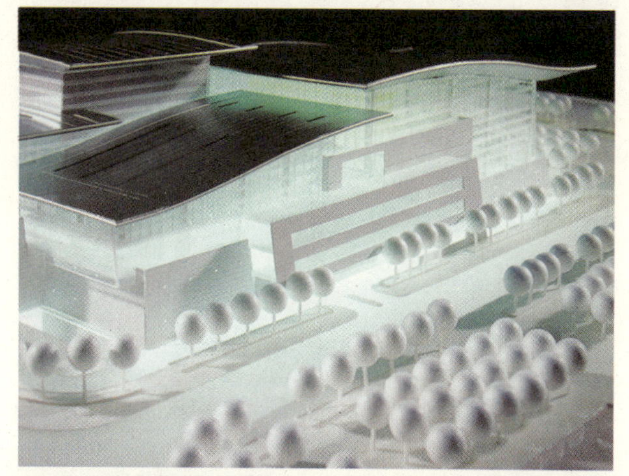

王欧阳（香港）有限公司参赛方案

德国欧博迈亚设计咨询有限公司参赛方案

纽约GFU建筑与城市设计公司参赛方案

法国让·努维尔建筑师事务所参赛方案

清华大学建筑设计研究院参赛方案

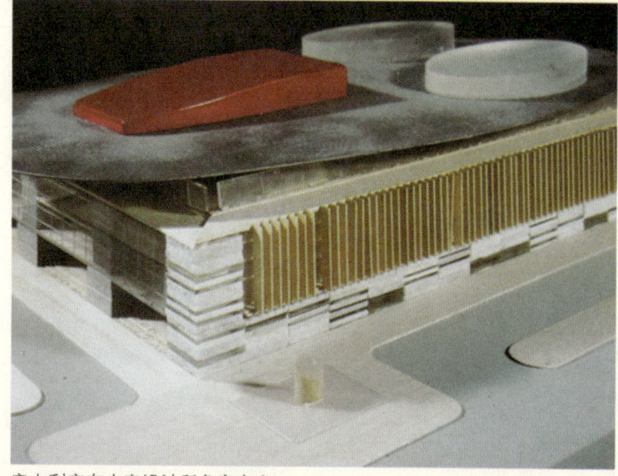

意大利安东内奇设计所参赛方案

过于璀璨而喧宾夺主。

这是一个让所有设计者都感到困难异常的要求。

人民大会堂设计于20世纪50年代，是典型的苏式建筑风格，以今天的建筑理念和手段从外形上超越它很容易，但是国家大剧院的地理位置与人民大会堂只有一墙之隔，大剧院既要有现代建筑的精华，又不能使旁边的大会堂黯然失色，这是所有设计师所面临的最大难题。

意大利格里高里国际公司参赛方案

中国建筑科学研究院参赛方案

可以说，这是一个举步维艰的设计，参与竞标的许多落选作品的失败原因归根到底都是因为对这两个原则的把握不当，要么过于保守，要么过于前卫。从1998年4月起，国家大剧院的设计评选过程一共历时一年四个月。

安德鲁胜出

正是由于这是一项位于北京心脏地带同时又规模巨大的公共项目，决策者们只能采取慎之又慎的做法。鉴于缺乏一锤定音的作品，业主委员会决定在竞标方案中挑选意见较为集中的若干家设计单位，进行第二轮竞赛，同时也对设计任务书进行了调整。人们还要继续等待。

那是个十分漫长的竞赛过程，有一次，我几乎都快要崩溃了…… ①

此时，代表法国巴黎机场公司参加投标的保罗·安德鲁的设计方案也入围了第二轮竞赛，但他当时的方案并不是巨大的椭圆体，而是一个长方形的设计方案。自古以来，为了取得完美音质，剧院大都是被设计成长方形，因为长方形是声音最好的产床，即使风帆式样的悉尼歌剧院，内部设计也仍然是长方形。

保罗·安德鲁的第二轮参赛方案

我尝试了很多种方式，最后采用了方形形体去呼应和协调周边建筑。这种呼应其实

---

①摘自本书作者2007年对保罗·安德鲁的专访。

*我并不太满意，因为过于的直接和简单了，但经过多次修改，还是不能有更好的方案出现。*①

国家大剧院的方案招标过程可谓是一波三折，漫长的竞赛和多次方案修改使许多设计师对于这个项目的未来失去信心，以加拿大设计师卡洛斯为首的一批设计师先后宣布退出此次竞标。

我从未见过这样要求苛刻的甲方，这让我们有些不知所措…… ②

安德鲁也选择了退，但他并不是要退出方案的争夺，而是决定回到巴黎，重新设计自己的方案。

法国巴黎戴高乐机场／摄影：杨冬江

安德鲁并非是一个轻易认输的建筑设计师。早在1967年，29岁的他就参与巴黎戴高乐机场的改扩建工作。当时的欧洲航空业正在迅速发展，更多的人们希望飞机能成为日常的交通工具。而此前戴高乐机场的设计却并不理想，许多人在错综复杂的大厅通道中迷失方向。如何能让乘客顺利到达登机口成为当时机场设计中最大的难题。在所有方案都遭到否定的情况下，当时还未拿到国家建筑师文凭的安德鲁提出一个大胆的方案。他在机场的候机大厅设计多条直达的登机通

①②摘自本书作者2007年对保罗·安德鲁的专访。

道，并安装滚梯，使乘客不再需要各种登机提示牌就可直接到达登机口的做法轰动了当时的建筑界，在此后数十年中这一理念被应用于各种大型公共建筑中。而安德鲁也因此被称为未来派建筑大师。

现在，国家大剧院业主委员会否定所有方案的做法，与三十年前的戴高乐机场投标的情形十分相似。安德鲁必须在极端对立中寻找一个完美答案。

*这个过程非常非常的痛苦，我几乎就快要放弃……第二天下午我感到非常累，便到楼下去喝咖啡，我正好把咖啡杯放到了一张纸上，我无聊地用纸包住杯子，这时我突然发现是的为什么不这样呢？*①

在回到巴黎的一个星期之后，安德鲁彻底推翻了长方体造型的思路，剧院的外形赫然变成了更加简洁的椭圆形！主体结构的四周有水环绕，钛金属板和玻璃制成的外壳呈银白色，内含一个能容纳2500人的歌剧院，容纳2000人的音乐厅，以及能容纳1000人的小剧院，人们将由水下的玻璃通道进入剧院。

我希望这座水池和园林环绕的大剧院，会如同我递给你们的一面镜子，镜子里，你们将会看见中国的未来，中国的形象和美，请悉心照料他吧：我们每个人

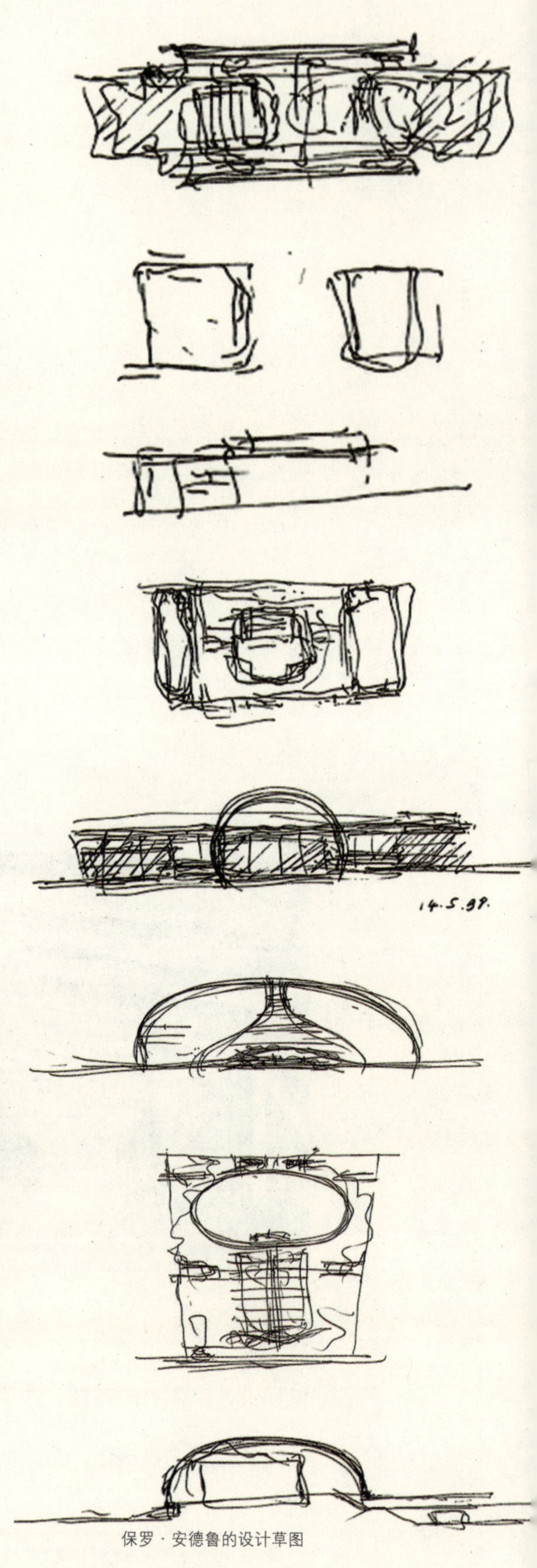

保罗·安德鲁的设计草图

①摘自本书作者2007年对保罗·安德鲁的专访。

安德鲁设计的国家大剧院主入口

英国塔瑞·法雷尔建筑事物所设计方案（推荐方案）

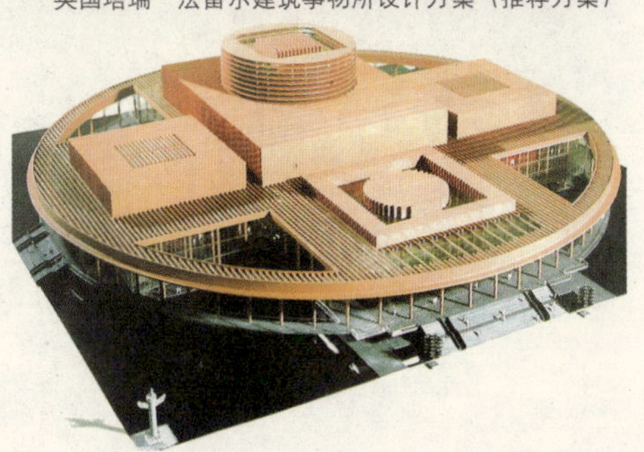

清华大学建筑设计研究院设计方案（推荐方案）

*都渴求美。*①

经过两轮竞赛、三次修改，并广泛征求了建筑设计专家、剧场技术专家、艺术家和全国及北京市部分人大代表、政协委员的意见，评审委员会最终确定了3个推荐方案。1999年7月22日中共中央政治局常委会讨论同意采用法国巴黎机场公司设计、清华大学配合的设计方案。

①保罗·安德鲁 著，唐柳 王恬 译，《国家大剧院》，大连理工大学出版社，2008年1月，中文版前言

直面质疑

国家大剧院平面图

一场激烈的竞争此时本应落下帷幕，尘埃落定之后人们可以心平气和地去品评胜利者的成果。但是，异常激烈的争论也随之而生。从第一轮公示之后，直到结果揭晓，事情的进程就再也没有进入公众的视线。甚至率先发布竞标结果的媒体也不是中国媒体，国内最先报道此事的是《参考消息》转引法国《费加罗报》的消息，称法国政府庆祝法国建筑师赢得中国国家大剧院方案竞赛。

随着媒体对这一事件的再次关注，社会上也出现了种种不同的声音，首先，法国的《费加罗报》把它评价成一颗美丽的珍珠，认为这是20世纪最伟大的建筑设计之一。但是几天之后《号角报》就发表文章说，安德鲁的圆形造型无法与周围环境相协调，它将变成北京的伤疤。

在这之后，一场范围更广、异常激烈的争论也随之而生。有人戏称它的造型为“水蒸蛋”；有人认为其巨大的外壳缺乏实用性，同时与内在的结构没有发生任何的联系，是“房子外面套房子”，“形式限制内容”；有人认为它扰乱了长安街心脏地段的安宁，破坏了紫禁城的天际线。安德鲁本人其实很清楚人们对于国家大剧院的争议和对其设计造型的戏称，他总是能够泰然处之地予以回应。

建筑工程一旦成了名，往往会招来毁谤与赞誉。尤其是那些有争议的、能展现热情的重要工程，总少不了绰号。绰号能恰当地表达赞许或反对的情绪。有些绰号拙劣却不怀好意，有些则恰如其分又幽默……

国家大剧院施工现场

*很多人说歌剧院是一个“蛋”，我觉得这个昵称很准确，这个昵称很好地反映了空间的实质，因为这个极其简单的形体下，孕育着丰富的生命。这种形式并不是来自于什么灵感，这是一个空间与功能相互争夺后的产物，而这就产生了我的设计。*①

中国国家大剧院工程总投资近30亿人民币，建设工期为4年。设计师安德鲁的创造力也在此期间表露无遗，比如他坚持自己设计剧院楼梯扶手上的图案并亲自指导工人安装这些装饰品。然而这时，远在欧洲的一次机场倒塌事故，使他的完美主义开始受到大家的质疑。

2003年5月，安德鲁设计的法国巴黎戴高乐机场，一节过道的屋顶忽然塌陷，造成4人死亡的悲剧。据媒体报道，屋顶塌陷前，部分混凝土开始出现裂痕。人们对这座造价7亿5千万欧元建筑物的安全性产生了极大极大的怀疑。坍塌事件发生后的第二天，设计师保罗·安德鲁立即成为舆论追踪的焦点人物。他从北京匆匆赶回巴黎，一下飞机巴黎警方就对他进行了听证。此后，几乎每天都能在法国报刊和电视屏幕

①保罗·安德鲁 著，唐柳 王恬 译，《国家大剧院》，大连理工大学出版社，2008年1月，P27

上见到保罗·安德鲁的名字。

戴高乐机场坍塌事件立刻波及到了正在建设中的中国国家大剧院。

*当时不仅是普通人民群众，甚至于领导同志们也有一些担心，说法国机场是保罗·安德鲁设计的？你这（国家大剧院）也是保罗·安德鲁设计的？他们机场搞塌了，你这里有没有问题？*①

保罗·安德鲁设计的中国国家大剧院有着巨大的壳体结构，这同戴高乐机场2E航站楼的钢结构有许多相似之处，大剧院外部长轴跨度为212.2米，南北向短轴跨度为143.64米。它安全吗？

①摘自本书作者2007年对前国家大剧院业主委员会主席万嗣全的采访。

从天安门金水桥远眺国家大剧院

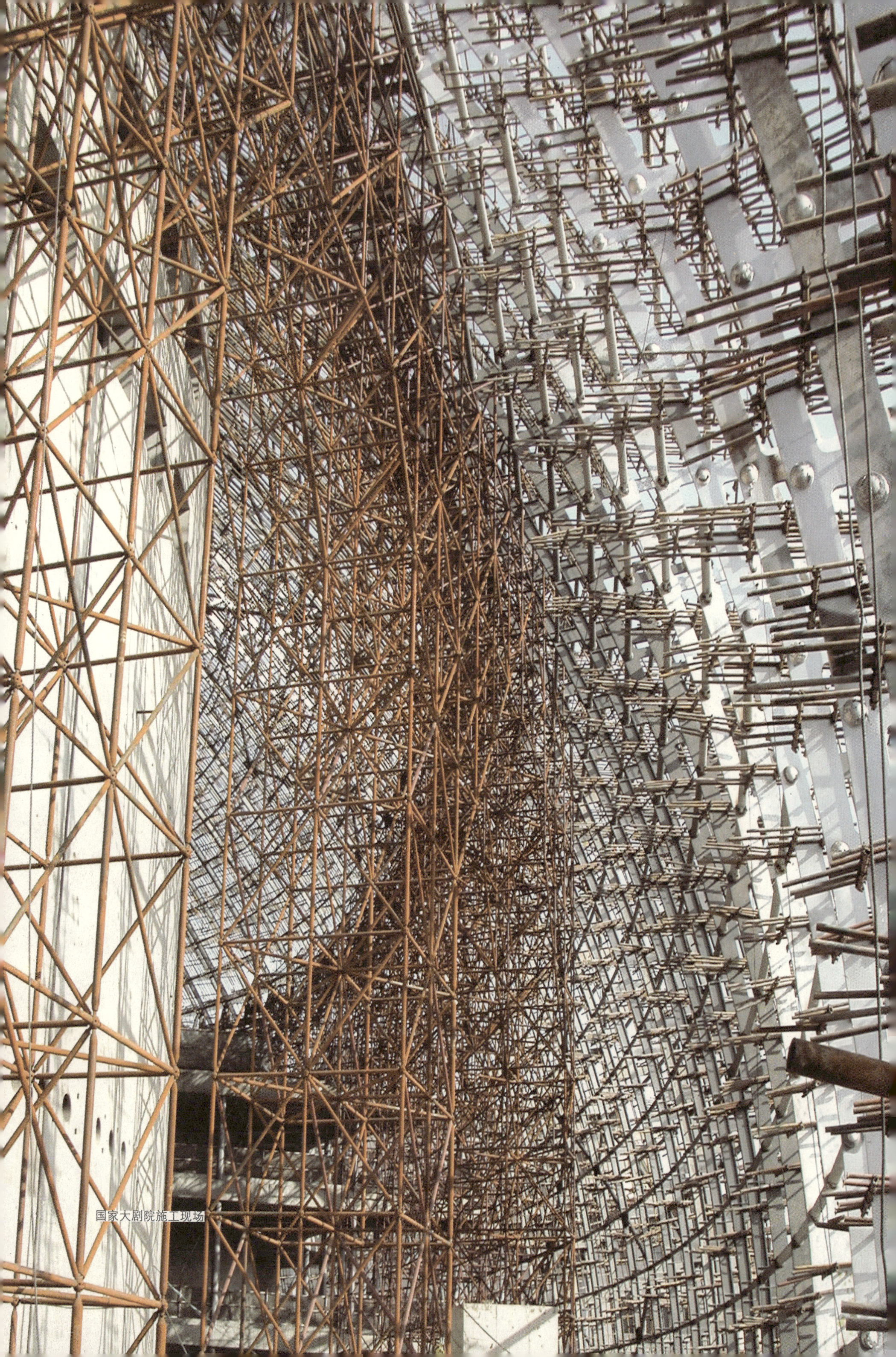

国家大剧院施工现场

法国巴黎戴高乐机场

安德鲁以及国家大剧院结构工程师迅速地给出了肯定的答案：大剧院的结构、受力，抗震、防风等各个环节绝对安全。为什么确认国家大剧院的结构是绝对安全的？其实秘密就在整个钢结构的顶部，现在我们看见的这些圆环就是大剧院的顶环梁，它的作用是固定与连通这些拥有巨大跨度的钢骨架。当一根骨架受到压力时，它会把力传到顶环梁上，由于顶环梁连接所有的钢骨架，它会把一根钢梁上的受到的巨大压力分配到整个钢结构上。经检测，国际大剧院钢结构6万多个焊点合格率达到了100%。

2004年2月16日，戴高乐机场倒塌事件发生8个多月后，法方的一份调查报告终于呈现在世人面前。调查报告表明，“屋顶的混凝土浇灌有先天性的缺陷，工程的实施速度过快。”事实上，戴高乐机场在整个建设过程中，始终受到了来自法国航空公司和巴黎机场要求提前完工的双重压力，最后在紧赶慢赶后方才大体完工。戴高乐机场倒塌的真正原因是施工中存在着质量不达标的安全隐患，而不是安德鲁的建筑设计出现了问题。

*调查的过程是漫长的，但是我始终坚信不是我的设计出现了问题。*①

①摘自本书作者2007年对保罗·安德鲁的专访。

简洁背后的繁复

在大剧院尚处于施工阶段的时候，有记者问安德鲁：“如果只能介绍大剧院的一点，您会介绍哪一部分？”面对记者的提问，安德鲁指着效果图回答说：“我会选择这片水，这片水域让大剧院成了一个美丽的小岛。设计理念借鉴了北京护城河，这片水同时把北海等水域向南作了延伸，让北京城的中心更加有生气。水域周围的草地与绿树，则出于建筑与背景的和谐相处的考虑。”

在国家大剧院的方案竞标进入第三阶段后，业主提出了整体建筑退后70米的要求，这已经是竞赛开始后的第四次修改，有些设计师无法承受这样的反复，甚至宣布了退出。同样的要求，对安德鲁却是一个“绝地”的“逢生”机会，他很快悟出了后退70米的深刻用意，立即把自己的方案进行了深化：一个椭圆形的建筑坐落于水中，四周用大片绿地环绕。需要特别指出的是，当时规划里并没要求有水，这一片水是安德鲁的神来之笔，如果没有这一片水，整个椭圆形的建筑只能坐落在一大片绿地或硬质铺装上面，体量将显得十分笨重和呆板。水的存在让建筑有了窈窕的倒影，无形中拉长了建筑的视觉高度。同时，安德鲁用艺术化的手段处理了一个技术的问题——天安门广场的总体规划是有严格高度限制的，国家大剧院不能高于人民大会堂。然而，大剧院本身又有功能上的要求，它的舞台非常大、设备非常多，所以只能寻求功能空间的向下发展。就在许多方案仍以戴上大屋顶来解决比例

问题的时候，安德鲁却巧妙地运用了水，显得棋高一着，使整个大剧院既浪漫地与“市”隔绝，又现实地解决了功能与美观的问题。当然，不能仅仅因为美观的理由而使水池存在，安德鲁通过一系列环保技术的运用，既保证了国家大剧院是低耗水、低耗能的，而且又保证了其冬天不结冰、夏天不长水藻的水景观。

*围绕于大剧院周边的水是循环的，并不是一潭死水，我们通过交换机实现水的循环和更新，而冬天也不需要加热水让其保持液体状态。当然，其中有许多中间环节处理这个水景观，相对于北京其他水景观的维护，大剧院的处理是非常环保和可持续的。在我看来，环保和可持续是必须考虑的，但这只是某个阶段必须考虑的问题之一，你必须选择在某些方面投入花费，而在某些方面节省，在我看来，环保应该是自然的、从本质上环保的，不能以环保的名义使经费大量的增加。*①

舞台，是一个剧院的核心；音质，是一个剧院的灵魂。如果一个剧院的舞台机械配置不好，从根本上说，表演形式将受到很大限制，剧院就不可能上演高水准的艺术作品；如果一个剧院的声学效果不好，就像一部色彩还原失真的相机，让演出了无生机、难以产生共鸣。有些建筑师在设计时，为了追求建筑的形式和视觉美感，不得不以牺牲舞台和音质为代价，但国家大剧院巧妙地处理了这两组矛盾，无论是舞台还是声学效果都堪称世界一流。

①摘自本书作者2007年对保罗·安德鲁的专访。

国家大剧院内的三个剧场既相对独立但又通过空中走廊相互连接，中间为歌剧院、东侧为音乐厅、西侧为戏剧场。歌剧院主要演出歌剧、舞剧，音乐厅主要用于演奏大型交响乐和民族乐，戏剧场以上演戏剧和话剧为主。

*大家都认为国家大剧院最难的部分，是它的巨大的外部结构，其实不是。剧院的歌剧厅才是最难的部分，我们设计了它的舞台希望来到剧院的每一个人都能得到一样的视觉享受，这需要我们许多人的团队合作。*①

歌剧院内有四个舞台：一个主舞台，两个侧台和一个后台。从场地对表演的灵活程度来看，每个舞台自身都可以实现自由的“升、降、推、拉、转”，大大丰富了舞台的表演效果；主舞台前的地面也可以升降，升起后成为舞台的一部分、组合成一个更大的舞台，同时对应的顶棚也可开启，从上面可以顺下演员，大大方便了各类

国家大剧院歌剧院

①摘自本书作者2007年对保罗·安德鲁的专访。

型歌舞剧的演出，使更多的舞蹈编排不受场地限制而得以实现。从换景角度来看，歌剧、芭蕾一般都是三或四幕，换景的时候一般都需要关幕熄灯，通过在道具下方安装轱辘而实现。但大剧院因为有四个舞台，需要的布景都可以在台下装好，当需要换景时，主舞台降下，后舞台或侧舞台上来，灯光一闪，·瞬间就可以完成，实现演出的不间断换景。

虽然戏剧场在三个剧场里面积最小，但它的舞台却是功能最丰富、技术最先进的。它的先进之处体现在变化形式的多样性和丰富性：戏剧场中间是一个由13个升降块和两个升降台组成的箍桶式舞台，每个单体本身可以升降、推拉和旋转，而同时又可以组合性或整体性升降、推拉和旋转，这使舞台形式变化丰富、层出不穷。另外，它也是目前世界上唯一一个可以同时进行升降和旋转的舞台。有人也许会好

国家大剧院音乐厅

奇，为什么戏剧场舞台要搞得这么复杂。这是因为话剧、京剧和其他地方戏曲的表现形式相对于歌剧和芭蕾来说要更加丰富，所以舞台功能的多样性程度就非常高。

谈到剧院的内部设计，声学系统一直是衡量一个剧院能否达到世界一流的重要标准。剧院声学系统可以简单的分类为混响时间和噪声处理两个方面。早在中世纪，欧洲的一些规模巨大的教堂，就有意识地利用教堂宽阔的内部空间来产生长时间混响，造成神秘的仪式气氛。后来，随着欧洲戏剧的发展，有很多剧院是由原来的教堂改造而来的。但是当时的艺术家们发现剧院的空间越大混响时间越长声音越不清楚，原来教堂常用的回声效果，在剧院演出中是不适用的。一个拥有完美声学系统的剧院对于混响时间和噪声处理需要有极其精确的设计。

大剧院中音乐厅的特色在于墙面运用了一种比较特殊的材料GRC（一种玻璃纤维混凝土的板材），它的表面凹凸不平，整个音乐厅从吊顶到墙面都运用了这种材料，形成了一种特殊的凹凸肌理，使静止凝固的建筑有一种涌动的音乐美感。这既满足了建筑的装饰性，同时又符合了建筑声学要求，使声波得到非常好的漫反射效果。

国家大剧院歌剧院的总长度超过100米，正常的混响时间应该在2秒钟以上。为了获得更好的声学效果，必须在墙面上做很多处理，使直达声与反射声配比最佳。安德鲁与声学工程师们做了很好的配合，最后协商采用一种金属网面包裹的形式，将那些在墙面上做的处理全部包在里面，使墙体从表面上看是一个流畅的曲线圆滑整体，同时顶棚和座椅大量采用木质及丝网材料，力求达到建筑美学跟声学效果的完美统一。

现在，当声音从演员口中发出后，首先被木质的舞台吸收一部分，然后又被观众所坐座椅的面料吸收一部分，同时声音被木质的椅背漫反射到四面八方，最后被墙壁和屋顶吸收。如果在这个大厅内放上2400个座椅，再加上2400个观众，整个大厅的混响时间正好是2秒钟，而这2秒钟就是歌剧演员梦寐以求的黄金混响时间。为了达到这两秒钟的完美效果，保罗·安德鲁与声学工程师们为此艰辛工作了4年。

国家大剧院音乐厅

国家大剧院歌剧院

结语

国家大剧院轰轰烈烈的建设引起了媒体和大众的一再关注，使这一原本纯粹的建筑事件平添了不少社会外延、增加了不少舆论压力，建筑界、文化界和民间出现了种种不同的声音，甚至引发了院士联名上书的事件。国家大剧院的竞标过程可谓起起落落，颇富戏剧性。然而，时至今日，大剧院工程已经结束，争议已经无法阻止事实的定音之锤落下，而那些起起落落的情节也将凝固在过去。所幸的是，所有的起落并没有扰乱我们前进的步伐，开放所带来的竞争压力也不能使我们的脚步停下。经此一役，我们积累了走向开放之路的经验和教训，中国仍将以开放的态度继续面向世界，继续在全球范围征集中央电视台新楼、奥运场馆、国家博物馆扩建工程等等一系列重大公共项目的方案，公众还将继续参与到这些重大工程的决策过程中，也将继续关注这些重大工程的建设进程。开放之路，既开了头，就不会回头。

文：杨冬江　何夏昀　习昆

国家大剧院前厅／摄影：杨冬江

保罗·安德鲁访谈

Interview with Paul Andreu

时间：2007年6月13日／地点：中国北京

Q：作为中国国家大剧院方案竞标的最终获胜者，您是如何看待当年一波三折的招标过程的？

A：那是一个历时很长、竞争很激烈的设计竞赛，其中经历过多次修改，这对于设计竞赛来说是非常少见的。在竞赛期间，我都曾因为竞赛的漫长而感到沮丧。现在看来，这并不是一件坏事，这样的历时不仅让设计师，同时也让国家大剧院的筹建方有了更长时间去做研究，去思考究竟在这样一个地方、这样一个时期需要什么样的一个剧院。

Q：当年国家大剧院的方案竞标分为邀请招标和自愿报名两种方式，您所代表的法国巴黎机场公司属于自愿报名参赛，与处于被邀请之列的多家具有丰富剧场设计经验的设计机构相比，当时您认为巴黎机场公司有取胜的可能吗？

A：在竞赛伊始，你并不知道你是否可以赢，而我也没有想过我会赢，我只是想参与这个设计竞赛，并且努力使自己做到最好。但在漫长的竞赛过程中，你开始评估自己与对手的设计，你的设计想法可能不错，你也许就会想你会有可能赢得此次竞赛。于是，你会投入更大的热情去改进自己的设计、坚持自己的设计。相反，当你有一种预感觉得自己可能不会被选中，你可能会出现质疑，质疑自己的设计甚至质疑自己，我们应该避免这种情绪的出现。当然，这说起来很容易，但在过程中，这种情绪并不容易得到控制。创作过程是非常不容易的，也许有人认为创作的过程就像休闲一样愉快，其实我们是经过非常艰辛的工作才能创作出一个好设计的。

中国国家大剧院南立面设计方案

Q：能简要地谈一下当时您的设计方案的一个发展过程吗？

A：我们最初的设计方案是非常靠近长安街和人民大会堂的，这就涉及新建筑与周边建筑的协调问题。我尝试了很多种方式，最后采用了长方形的形体去呼应和协调周边建筑。这种呼应其实我并不太满意，因为过于的直接和简单了，但经过多次修改，还是不能有更好的方案出现。

后来筹建方决定整体建筑后退70米，这样，在天安门方向就看不到新建筑了。后退70米让我开始重新思考我的设计。首先，一个建筑并不同于一件家具，说要后退就简简单单将建筑挪动了就可以，我需要进行改变，而且我认为必须做出改变；其次就是周边的规划，由于现在后退了70米，所以规划也应该要进行相应的改变。

我新提案的第一点是，既然已经后退了70米，为什么不后退120米呢，这样新建筑的轴线就和人民大会堂的轴线一致了；新提案的第二点是完全改变建筑的外形，使它变成一个超椭圆形，就是现在方案的样子，而周围环绕着一圈水面。新建筑有了一个和周边建筑完全不同的形式，形成一种对比关系，但新建筑与水的关系却又与紫禁城和护城河的关系高度一致。这一方案将设备、后台功能都安排在了水下，整个建筑采用一种非常纯粹的超椭圆形来表达，同时建筑在水中形成美丽的倒影。

当我提交新方案的时候，我已经不再关心是否能够赢得此次竞赛、是否能够得到评委的同意了。我只是想坚持我的构思，我要对我所设计出来的建筑感到骄傲，如果只是为了获得设计资格而进行妥协，这是我所不愿意做的。

Q：波光粼粼的湖面上浮出的这座钛金属和玻璃交织的巨型圆顶建筑，从它开始孕育诞生的那一刻起，就注定备受人们的关注，请阐述一下您的这一创意灵感是如何形成的？

A：事实上，这个最终形式的产生只用了两三天。当时方案修改了太多次，这个过程非常非常的痛苦，我几乎就快要放弃。我约了几个朋友共进晚餐，他们让我不用担心，他们相信我一定能找到一个合适的形式。但我心里非常质疑这一点，找个形式就可以解决问题了吗？我思考了一个晚上，第二天决定开始重新设计。下午，我感到非常累，便到楼下去喝咖啡，我正好把咖啡杯放到了一张纸上，我无聊地用纸包住杯子，这时我突然发现是的为什么不这样呢？于是，我便拿着一个咖啡杯便开始画草图，尝试去寻找一个新的形式，

保罗·安德鲁在国家大剧院工地现场

就在这样的摸索中度过了我的周末。星期一我把草图拿去和助手们商量，我说是否可以用一个圆形将三个不同功能区盖在下面呢，他们纷纷表示赞同，于是设计就这样在三天之内产生了。这听上去有些不可思议，但的确就是这样的，有时候你必须抛弃之前的一些想法，而选择一些你之前从来没有想过的方式，就是因为某些人告诉你一个词、一句话。创作的时候不一定总有什么方法，除了不停地尝试，翻来覆去地尝试，真的没有一个有规可循的方法，直到出现一个方案开始符合你的要求和标准。

Q：大剧院的中标方案公布之后，社会上开始出现了种种不同的声音，甚至包括各种质疑。有人戏称它的造型为“水蒸蛋”；有人认为其巨大的外壳缺乏并没有与内在结构发生关系；还有人认为它扰乱了长安街心脏地段的安宁，破坏了紫禁城的天际线......作为设计者，您对这些评价有何看法?

A：我在最初设计的时候，就希望整个大剧院能成为城市的一部分，能被许多人使用。但同时，我又希望它能够形成一层保护，保护大剧院不被外界城市的喧嚣所污染。因为作为一个大剧院，应该是一个充满创造、梦想和幻想的地方，让人在里面重新认识生活的意义，塑造一个令大家向往的音乐殿堂。这就是我最初的一些设计构思。而运用水面来围绕整座建筑，就是一个能很好实现这个构思的方法。我希望将这个艺术殿堂设计成为无法触摸的一个艺术品，在一定距离内，你没有办法靠近它。

这个建筑的外立面实际上是没有门和窗的，你要寻找一个入口去接近它。我就把入

国家大剧院主入口设计方案

口设在环绕其外的水下，让人们在水下静静地去接近这座建筑。我想塑造一个良好的气氛，让人们穿过一定的空间和经过一定的时间后，通过这个过程慢慢感受到尘嚣远离而艺术开始渐渐地贴近。

让我自己也感到惊讶的一点是，当我陪伴一些朋友去参观大剧院时，他们告诉我，他们知道剧院应该很大，但是并不知道有如此之大。在这点上，我想我是成功的。通过一个简洁的形体将复杂的功能空间包容其中，让一个体量很大的建筑并不显得如此庞大和笨重。这就像去往伊甸园的路，一开始感觉路很窄、空间很小，但走到尽头，真正进入伊甸园时就突然有一种豁然开朗的感觉。一个并不复杂却充满活力的空间，然后通过这个简洁的大空间，再进入到各个表演厅和功能空间，而这个空间就像一个完整的城市。

很多人说歌剧院是一个蛋，我觉得这个昵称很准确，这个昵称很好地反映了空间的实质，因为这个极其简单的形体下，孕育着丰富的生命。这种形式并不是来自于什么灵感，这是一个空间与功能相互争夺后的产物，而这就产生了我的设计。

Q：剧院的内部设计具有极强的专业性，您是如何去协调和处理这些复杂的问题的？

A：大家都认为国家大剧院最难的部分，是它的巨大的外部结构，其实不是。剧院是要求比较复杂的建筑，它必须满足各种各样的约束，从视觉上、听觉上，从平面布局上、到墙面细节，都必须非常讲究。我认为这些关系都应该统一在一个传统剧院的规则之下，就是舞台与观众席的关系。好的剧院能让观众获得一种和舞台近距离接触的亲密感，同时舞台又能得到观众的反馈，两者形成一种紧密的互动关系。在此基础上才能够去谈创新，创造一种新形式的歌剧院。

当然，完成以上这些已经非常的困难，因为我们的手段和资源总是有限的，你想同时满足三千人的观赏而又不损失视听质量，你就需要面对特别多的难题。我不认为

国家大剧院歌剧院／摄影：习昆

视觉、听觉和空间感觉是可以割裂处理的，即使听觉效果非常好而在视觉上显得丑陋的处理，在我看来都是不可以接受的，这并不是一个恰当的解决方法，这样肯定会削弱了观众欣赏歌剧时的质量。所以，你必须尝试满足所有的需求，然后让它看起来还要好看、现代，同时又不失传统。

另外，你还需要考虑照明、弱电和空调系统等等，一大堆的问题都在等着解决，我们集中了大量的时间和精力去解决这些问题。我们做了不止十个方案，十个工作模型，我们不停地推敲着方案，直到把所有问题都解决了，直到让各个专业分工的专家都满意了。这些可以说是建筑工程必须解决的问题，你可以直接交给建筑工程师完成，但如果你很在意建筑细节，你就必须继续付出大量的时间去计算和考虑。

Q：有人认为将歌剧院、戏剧场和音乐厅放在同一个屋顶下，是极不合理的，因为在利用任何一个剧场时，公共部分都要开启空调和照明等设备，能源浪费极大。您认为国家大剧院在绿色和可持续方面是否做得很好？

A：可持续并不是一个纯技术问题。举例来说，一个剧院在一天内可能真正被使用的时间只有3至4个小时，因此照明的节能并不是剧院的重点。所以，在每次进行设计的时候都应该首先分清楚什么将是你最需要解决的问题。当然，许多人因此质疑这个壳体空间对空调能源的损耗问题，有人质疑为什么要使用金属和玻璃，但将整个建筑体积与其他同类规模项目进行比较，其实它只有其他项目的二分之一，因为它有部分工程隐秘在地下。而且整个建筑与外界基本隔绝，并没有太多的能量交换而产生损耗。另外，这个建筑的空调系统是区域性的，没有被使用的区域将会关掉空调，低频率使用的区域也会依据人的活动量进行调节。当然，我不否认可以在节能方面做得更好，因为技术在不断发展，观念也在不断的更新，但毕竟那个是十年前设计的建筑，难免存在一定的技术缺陷。

Q：是否可以对您设计的国家大剧院作一个自我评价？

A：当我走进完成的大剧院时，我感到很有成就感，因为剧院让我感到很幸福、很满足。这种感觉就像人们走进一座古老的中世纪教堂，那种罗马式的教堂，一种让你感觉这个空间对于生活是非常重要的；又像是走进故宫的皇家藏书阁（文渊阁），那是一个带着花园的建筑，但同时又是一个教室，它带给你一种平静的感觉，一种简约的美感。我的意思是，那种歌剧院给你带来的幸福和满足感，并非和华丽、奢侈有关。

我想解释一下故宫的藏书阁给我的感觉：故宫里有些地方让你觉得华丽、充满细节的装饰和雕刻。而藏书阁区别于其他地方，它让你有一种归属感，觉得每个人在这里都可以找到自己的位置。

Q：您是如何看待形式与功能这二者之间的关系的？

A：对于我来说，最重要的还是功能，这个建筑是什么用途、将被什么人使用和如何使用，简单来说，就是准确、必须的功能是设计的出发点，而且贯穿于整个设计过程当中。当然，仅仅关注功能是不够的，随着设计的深入，如何超越功能满足部分，进入建筑美学和一个更高追求的阶段，就要关注于创新性。我再次要强调的

从北海公园远眺国家大剧院

上海浦东国际机场

是，没有一定的规律可以让你获得创新。在这个过程中，我认为最重要的是你的态度。在我的所有设计中，我一直都对自己的要求非常高，我一直觉得自己总是没有把一个建筑做得足够的深入，当然这种感觉随着年龄的增加，开始逐渐减少，但还是一直存在着。在我年轻的时候，当我走进我设计的建筑时，我会感到非常不舒服，即使那个建筑对于别人来说已经算是成功了，但我还是会不断地责备自己，我应该可以做得更好的，那里可以做更多的改进。

Q：由于成功地参与了巴黎戴高乐机场的改扩建工作，当您还不到30岁的时候，就被人们誉为未来派建筑大师，对于建筑的风格与流派您抱有怎样的看法？

A：风格和流派对于我来说并没有太多的意义。从一个较长的时间段去看，对风格的追赶是完全没有意义的事情。我不是说创造风格的行为没有意义，我喜欢那些创造潮流、风格的人和行为，但不喜欢以时尚和风格为根本目标的态度。风格、流派就是一种一浪接一浪的事件发展过程，在某个时段中，它可能非常奏效，但仅仅为了一时的满足而花费大量的财力去做建筑，我是完全反对的，我也不会如此地去设计我的建筑。

当然，不紧跟某种风格或潮流，就使得我的建筑要承担一定的风险——你必须去说服甲方同意你的建筑方式，让人去接受，让人理解，不过这一冒险是值得的。如果没有创新，如果没有付出，如果不冒险，你就不能完成一个崭新的建筑。我想，建筑师的创新就在于此，尽管这种创新有时候会扰乱了大家对于建筑的一般看法，但这种扰乱最后还是会被接受的，就像社会出现新秩序时，人们会感觉生活的常规被打乱，但当了解这个新秩序是可行的、有效的时候，大家就会去接受它。这就是建筑的创新所在，这种创新没有尽头，也没有极限。

Q：请您谈谈对中国当代建筑和中国建筑师的印象？

A：中国当代建筑是在不断进步的。许多中国建筑师可能会感到有压力，因为许多外国人，就像我，来到中国进行设计，但他们不应该认为我们是来偷他们的面包的，因为这是一个交流、探讨和学习的过程，因为随着彼此交流的逐步深入，在不久的将来，他们也将走出中国，走向世界，他们的前途是光明的。

■采访及图片整理：杨冬江　　■本章图片除署名外均由保罗·安德鲁建筑师事务所提供

上海东方艺术中心

04

建筑的力量

雷姆·库哈斯与CCTV新台址

The Power of Architecture

Rem Koolhass and the New Building for China Central Television

2007年12月26日上午9点08分，随着最后一颗螺栓被拧紧，CCTV新台址大楼的悬臂结构成功合拢。这座被称为对重力发起挑战的建筑，被美国《时代》杂志评选为2007年世界十大建筑奇迹之一。

这是一个超常规的建筑。两栋分别高234米和194米的塔楼同时向内倾斜，由一个巨型的空中悬臂连接在一起，形成一种独特的环形结构，它与周围千篇一律的垂直高楼形成了鲜明的对比。

作为一个新时期的媒体建筑，它不仅给中央电视台塑造了一个开放而具有凝聚力的新形象，同时也让世界看到，中国有足够开放的姿态，敢于接受甚至主动迎接任何挑战。这座造型独特的建筑的出现，时刻都在提醒着我们，它背后所代表的这个国家的信心与不容置疑的步伐。

设计之初

从2002年开始，首都北京正式进入了奥运前的大规模建设阶段，各个大型体育、文化和商业设计竞赛接踵而至，掀起一股建设新北京的浪潮。2002年4月，一纸关于中国CCTV新台址的国际建筑设计竞赛任务书将这股巨浪推向了顶端：这个巨型建筑将占地18万平方米，建筑面积高达55万平方米，投资超过50亿元人民币。它所位于的北京规划中的CBD地区是整座城市最具发展潜力的商业区，在接下去的几年里将成为全球最大的建筑工地之一，数十幢超高层的摩天楼将在此拔地而起。毫无疑问，建成后的中央电视台，将会是世界最大的电视媒体建筑。而作为这个“巨无霸”的设计者，无疑亦会受到国际建筑界前所未有的关注，一场激烈的设计竞赛便由此展开。

雷姆·库哈斯和奥雷·舍人

在接到参加CCTV新台址设计竞赛邀请的那一刻，雷姆·库哈斯就立刻被这个项目所吸引。他与合作伙伴奥雷·舍人敏锐地意识到，这将是了解并进入中国的一个绝好的机会。

我当时接到了一个邀请我们参加CCTV方案竞赛的电话，当我接到这个电话的时候，我就有一种预感，我觉得这个竞赛应该是属于我们的。①

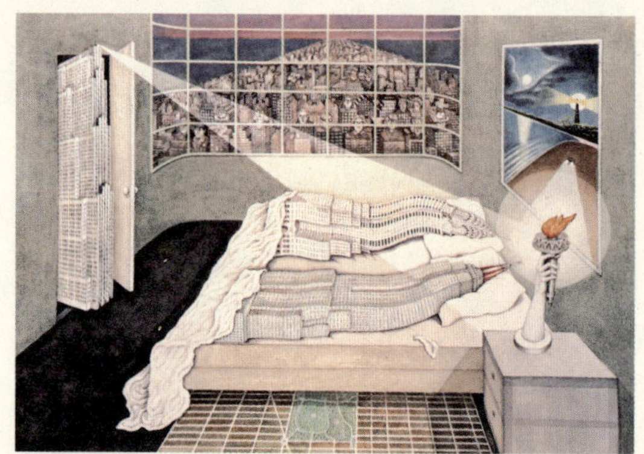

《癫狂的纽约》插图

纽约普拉达旗舰店

几乎与此同时，库哈斯又收到了另一封来自美国的邀请信，纽约市政当局希望他能为9·11之后的世贸中心重建提供新的设计方案。一个是纽约，一个是北京，面对两座风格迥异的城市，两种截然不同的文明，库哈斯一度陷入了矛盾之中。对于纽约，库哈斯并不陌生。早在1978年，他就出版了著名的《癫狂的纽约》（Delirious New York）一书，这本书以独到的视角和犀利的文风，被认为是研究纽约文化与建筑的经典著作。此后，他又陆续设计完成了西雅图图书馆，纽约普拉达旗舰店等多个项目，这些成就使他在西方声名大振。不过，对于古老的东方文化，尤其是中国，库哈斯同样也有着浓厚的兴趣。

①摘自本书作者2007年对雷姆·库哈斯进行的专访。

我想任何一个关注世界格局变化的人都会关注中国。20世纪60年代初，在做建筑师之前，我是一名记者，所以我第一次关注中国是从那个年代开始的。

*20世纪90年代，我开始在哈佛大学担任教授，我与我的学生们做了一个关于广东珠江三角洲发展的调查，并进行了一系列相关性质的研究。我们从1996年的1月开始，从深圳出发，以逆时针的方向，最后回到香港，这其间去了很多地方。在后来出版的这本名为《大跃进》（Great Leap Forward）的书中，我们探讨了当时珠江三角洲未来发展的情况，我想这可能是西方第一本关于现代中国城市发展的书籍。*①

雷姆·库哈斯／摄影：杨冬江

经过一番深思熟虑，库哈斯在北京和纽约两个项目之中作出了最后的选择，他选择了北京。他认为，这两个项目的建筑内涵有着本质的不同。

*当时的美国不太可能前瞻性地把目光投向未来，他们更多的是关注过去，关注9·11的痛苦和当时的一些很惨痛的回忆。但北京作为一个充满希望的地方，是一个完全不同的状况。*②

2002年7月15日，CCTV新台址建筑设计方案的评选正式拉开了帷幕，呈现在专家评委们面前的是十个形态各异，构思独特的方案。建筑师们通过充满灵感的设计为

①②摘自本书作者2007年对雷姆·库哈斯进行的专访。

OMA设计的CCTV新台址方案模型

这幢具有复杂功能的大楼提供了截然不同的设计结果，同时展现了独特的表达方式与设计理念。经过严格的评审，在由国内外专家所组成的评委们的推举下，荷兰大都会建筑事务所、伊东丰雄建筑事务所联合体和华东建筑设计研究院的设计方案入围。2002年12月20日，CCTV新台址设计方案竞赛公布了最终的评选结果。由雷姆·库哈斯和奥雷·舍人领衔的荷兰大都会建筑事务所的方案以全票获得了第一名。这个在形态上由两个Z字形组成，与传统意义上的摩天楼截然不同，似乎已经突破了公众可以接受的底线。

当我们去考察北京CBD的时候，我们认为那里以后将会成为摩天大楼和独立塔楼的集中地。我们不想再强加一个同样的摩天楼在这里，我们想重新探索摩天楼的另一种形式，用我们的建筑来重新定义这个区域，将把这个地区变得更加开放，变得与众不同。我们尝试着去这么做。大众可能不了解建筑的设计过程，其实建筑师并不能决定他们想建造什么，他们需要被要求。当我们参与中央电视台的设计竞赛时，我们创造出一个非常有趣的倾斜型建筑，这种替代性的设计击败了传统的像针线般插在城市中的直线建筑。 ①

①摘自本书作者2007年对雷姆·库哈斯进行的专访。

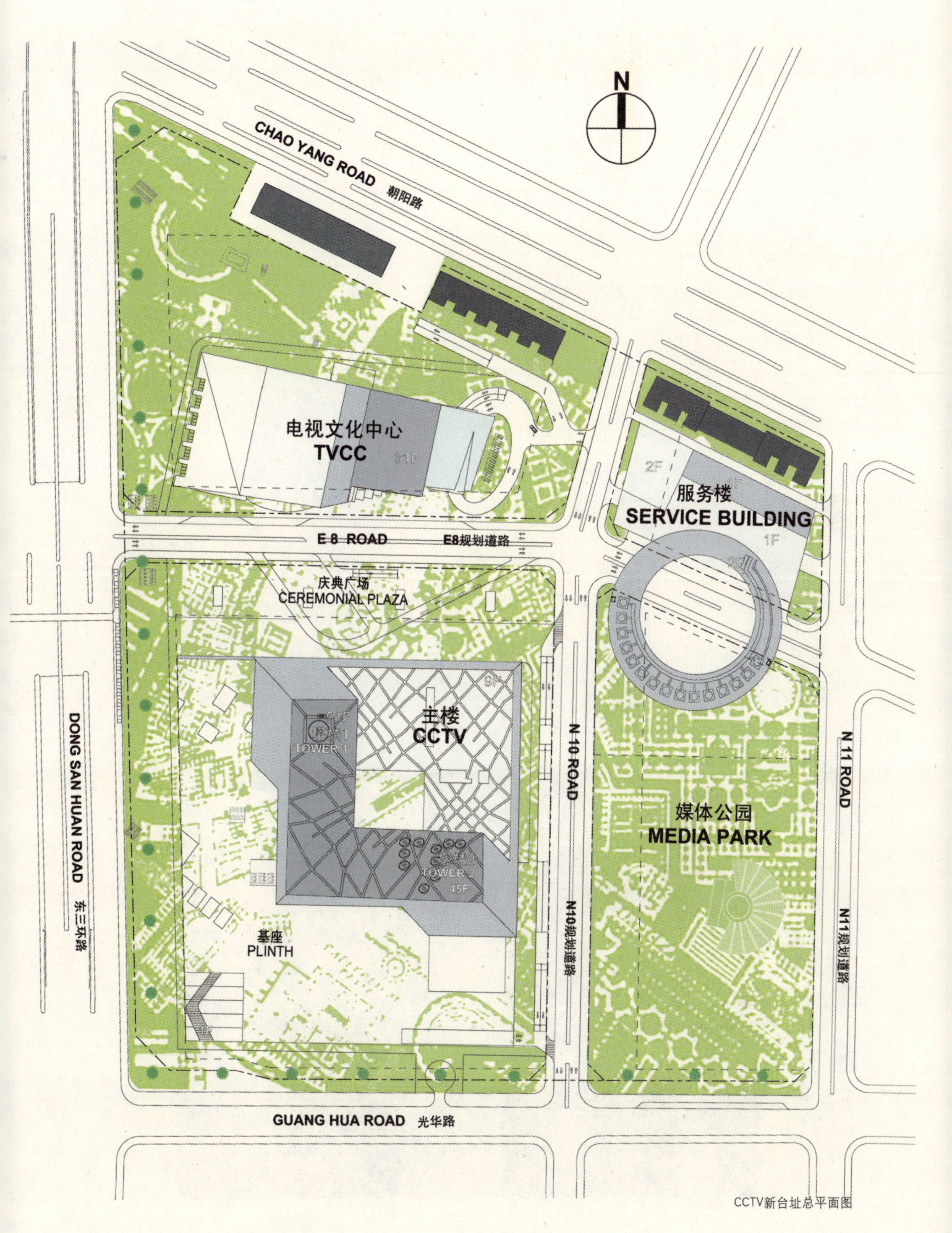

CCTV新台址总平面图

库哈斯和舍人的理念抛开了所有我们关于城市与基地二维的线性分析，在基地上建立了一套完全自我的内在秩序，两座形态倾斜的塔楼在三维空间里构成了奇特的关联。同时，这一理念也抛开了设计任务书中对于主要功能空间的安排，将大部分的演播空间放到了地下，因此释放了大部分的地面部分，并使其成为城市舞台中极富表情的角色。大都会建筑事务所的这些理念也许不一定会成为评标专家的首选，但其新颖程度足够让他们的方案闯入三甲。而由于最终投票采用每人投取前三名并且不分顺序的方式，他们得到了每一位评委的认同。

库哈斯和大都会事务所的同事们／摄影：杨冬江

拥有欢迎姿态的建筑

事实上，CCTV新台址这一项目，几乎是所有建筑师都梦寐以求的。规划中的新台址位于CBD的核心地带，这里不仅是北京最活跃的商业区，也是北京面向世界的一个窗口。而在这个寸土寸金的区域，中央电视台能有这样的魄力，为建筑师提供一

CCTV新台址工地现场

个18.7万千平方米的庞大地块，让其任意发挥自己的想象力，这也正是让库哈斯最为心动的地方。

通过分析一些其他竞标方案我们不难看出大都会建筑事务所（OMA）的优势在于摩天大楼立体化的提出。在立体几何中，一条线处于一个二维空间中，而两条不平行的线互相连接能组成一个三维空间。如果把标准的高层建筑看成是一条直线，那么中央电视台大楼则是由两条倾斜的不平行直线通过两条折线相连接的。于是，在一个都是直线竖立的空间中，一个三维立体的大楼就显得与众不同了。

正是出于这种欢迎姿态的立体化设计才使得OMA在众多方案中脱颖而出，因为在高楼耸立的北京CBD地区，CCTV新台址200多米的高度只处于中等水平。有评论家对这种立体化设计的手法不屑一顾，认为设计虽然新颖，但更多的是建筑师出于能够赢得设计竞赛的考虑，有一种哗众取宠之感；殊不知这种设计方式有着很强的东方背景：摩天楼首创于西方，但就在上世纪末，亚洲摩天楼的总量历史上第一次超过了西方。当对于摩天楼的思考在西方停滞不前时，东方人、中国人开始将设计摩天楼看作经济发展的象征和强心剂，并不断探索摩天楼的新模式。雷姆·库哈斯敏锐地意识到了这一点。

当你同时把它与其他的摩天大楼作比较时，你会发现它可能不如那些摩天楼高。但是，我们所追求的并不是一个简单的高度问题，我们希望这个新的摩天大楼能够有它独特的内涵与活力，能够在空间上带给人们一种欢迎的和友好的感觉。 ①

当然大都会建筑事务所竞标成功的原因绝不仅仅在于创造了摩天楼新的模式，长期的城市理论研究使得以库哈斯为首的建筑师们对世界范围内的

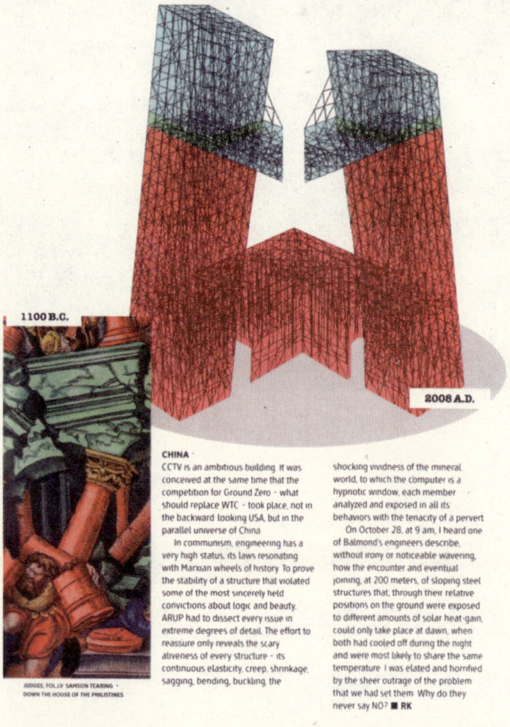

1100 B.C.

2008 A.D.

JUDGES, FOL.LV SAMSON TEARING DOWN THE HOUSE OF THE PHILISTINES

CHINA

CCTV is an ambitious building. It was conceived at the same time that the competition for Ground Zero - what should replace WTC - took place, not in the backward looking USA, but in the parallel universe of China.

In communism, engineering has a very high status, its laws resonating with Marxian wheels of history. To prove the stability of a structure that violated some of the most sincerely held convictions about logic and beauty, ARUP had to dissect every issue in extreme degrees of detail. The effort to reassure only reveals the scary aliveness of every structure - its continuous elasticity, creep, shrinkage, sagging, bending, buckling, the shocking vividness of the mineral world, to which the computer is a hypnotic window, each member analyzed and exposed in all its behaviors with the tenacity of a pervert.

On October 28, at 9 am, I heard one of Balmond's engineers describe, without irony or noticeable wavering, how the encounter and eventual joining, at 200 meters, of sloping steel structures that, through their relative positions on the ground were exposed to different amounts of solar heat-gain, could only take place at dawn, when both had cooled off during the night and were most likely to share the same temperature. I was elated and horrified by the sheer outrage of the problem that we had set them. Why do they never say NO? ■ RK

库哈斯在《CONTENT》一书中对CCTV及摩天大楼的阐释

①摘自本书作者2007年对雷姆·库哈斯进行的专访。

大都市有了独特见解，这些见解形成了鲜明的建筑理论，并被出版成了《癫狂的纽约》、《S,M,L,XL》、《大跃进》以及《Content》等建筑著作。

每一个建筑的背后都有一个故事，每一个设计都蕴含着建筑师们不同的城市和建筑理论。CCTV新台址设计所基于的理论结合并发展了库哈斯多年研究的城市理论和他的团队对于北京的理解。第一眼看到CCTV新台址的时候，我们不禁会问，它的形态由何而来？其实建筑师的这些理论并不深奥，每一个人对它都有发言权，不要认为你对一个建筑的理解是错误的。

CCTV新台址方案

CCTV新台址模型

库哈斯说CCTV新台址是一个具有欢迎姿态的建筑。不知走在北京CBD或金融街的时候，你是否会认为这些林立的高楼大厦有一种自我防御感？你是否会好奇这些楼里的人都在干什么？这种防御感隔离了你和建筑，因为摩天大楼自成体系，它高耸入云的形态足以将城市中的人排斥在外。当你赞叹城市发展如此之快的时候，你是否意识到你的城市印象只是由建筑的表皮构成？如果这些摩天楼只是空盒子，你是否会有同样的感受？那么我们是否应该认为，你不是这个建筑的使用者，它就不属于你呢？库哈斯和舍人的都市建筑理论对此提出了挑战：想像当你在CBD的大街上经过CCTV新台址的时候，你是否会愿意跑到这个上百米的悬挑下仰望这幢大楼？如果你会，那么这个设计已经成功地迈出了邀请你的第一步。

CCTV新台址工地／摄影，杨冬江

挑战常规

在方案竞标中，虽然库哈斯和舍人的设计方案获得了全票通过，但这并不意味着这一方案就无懈可击。相反，评委们针对这一建筑的特殊结构，曾经提出过许多质疑，其中，最大的质疑就是它的结构安全性。

为解决这一问题，早在刚刚确定CCTV新台址的环形建筑方案时，库哈斯和舍人就找到了全球最著名的结构顾问公司——奥雅纳（ARUP），他们希望由奥雅纳公司对这座奇特建筑的结构可行性进行论证。

奥雅纳公司的结构工程师们首先要解决的问题就是中央电视台新台址的两座倾斜塔楼能否在建筑结构上得以实现。由于这两座塔楼都是双向倾斜，即每座塔楼都有两面呈现为倾斜的平行四边形，并且倾角达到了6°。他们提出的方案是将每座塔楼分成两部分：一个与地面垂直的核心筒和一个倾斜的外框筒。塔楼内部的核心筒与地面是垂直的，它的地基将深达50米以上，足以保证整个倾斜的塔楼楼体的稳固。而倾斜的外框筒通过钢结构与直立的核心筒在水平方向上连接，两个筒形组合在一起，构成了一座完整的塔楼。

CCTV新台址模型

CCTV新台址施工现场

在CCTV新台址大楼的外立面，分布着许多疏密不一的菱形网格。不过，这些网格却并不只是为了装饰，它们在保证外框筒的结构安全方面，还有着极为重要的作用。这些暴露在建筑最外面的钢网格，由诸多梁、柱以及斜撑组成，外框筒受到的力基本都能够通过这些网架被传导到地下。而网架形成的无数三角形结构，也增强了外框筒的稳定性。

*在造型建筑的外表皮时，采取了大约10米×10米的网格，并对结构体系进行了受力分析。在受力大的地方，网格的密度大，受力小的地方，网格就比较稀疏。*①

除了倾斜的塔楼和特殊的网格结构之外，CCTV新台址大楼最引人注目的，当数连接两栋塔楼的空中悬臂，这也是整栋建筑结构中最难实现的地方。整个悬臂是呈L形，它的两端分别从两栋塔楼的37层和38层伸出，在162米的高空连接在一起，成为一个巨大的空中拐角。

①摘自本书作者2007年对奥雷·舍人进行的专访。

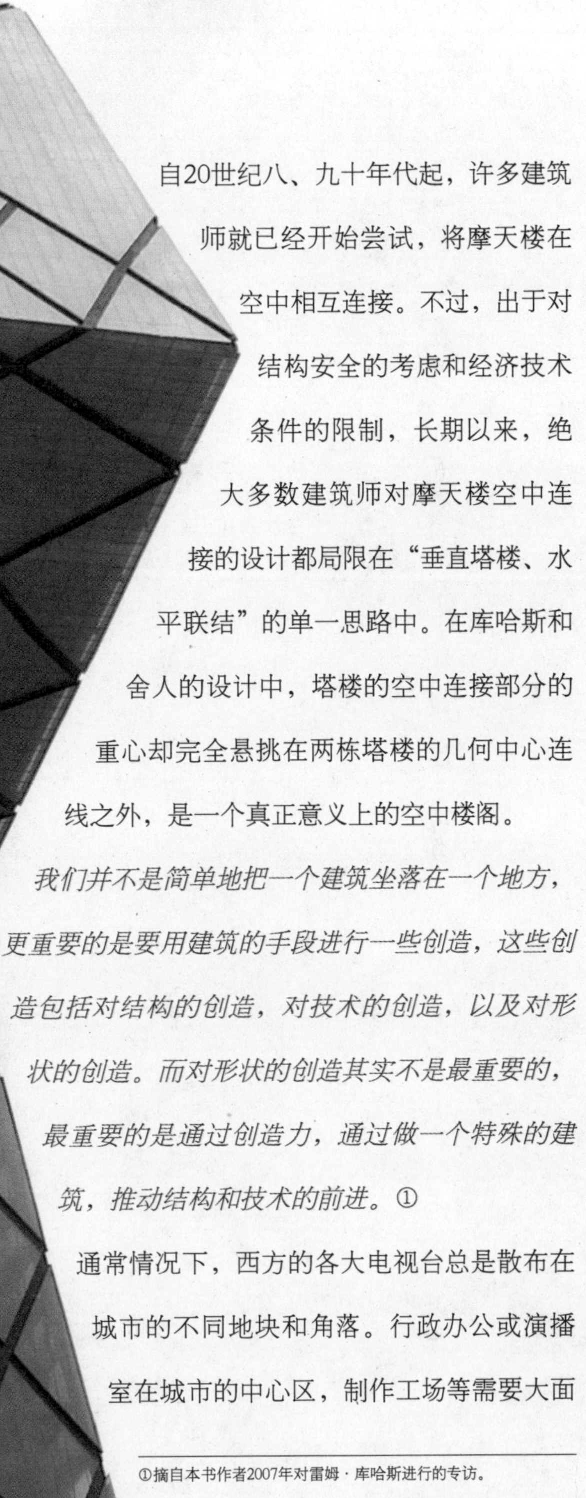

自20世纪八、九十年代起，许多建筑师就已经开始尝试，将摩天楼在空中相互连接。不过，出于对结构安全的考虑和经济技术条件的限制，长期以来，绝大多数建筑师对摩天楼空中连接的设计都局限在“垂直塔楼、水平联结”的单一思路中。在库哈斯和舍人的设计中，塔楼的空中连接部分的重心却完全悬挑在两栋塔楼的几何中心连线之外，是一个真正意义上的空中楼阁。

*我们并不是简单地把一个建筑坐落在一个地方，更重要的是要用建筑的手段进行一些创造，这些创造包括对结构的创造，对技术的创造，以及对形状的创造。而对形状的创造其实不是最重要的，最重要的是通过创造力，通过做一个特殊的建筑，推动结构和技术的前进。*①

通常情况下，西方的各大电视台总是散布在城市的不同地块和角落。行政办公或演播室在城市的中心区，制作工场等需要大面

①摘自本书作者2007年对雷姆·库哈斯进行的专访。

积场地的部分在郊区，但库哈斯设计的中央电视台总部大楼却恰恰相反。

在CCTV大楼，中央电视台所有的功能都集中在了同一座建筑并组合为一个环状的链条。不过，大楼的设计虽然是环形，但并不等于它是对外封闭的。相反，和过去相比，中央电视台将以一种更开放的姿态，展现在公众面前。这也正是库哈斯在设计中一直强调的。

*整个建筑中的功能区分明确，有新闻演播，中控室，技术工作部门，同时，还有社会交往空间，人们有信息交流的地方。它的功能设计理念是，CCTV不仅是作为某个特殊的传媒机构，同时它还是一个面向公众开放的空间。*①

CCTV新台址功能分区图

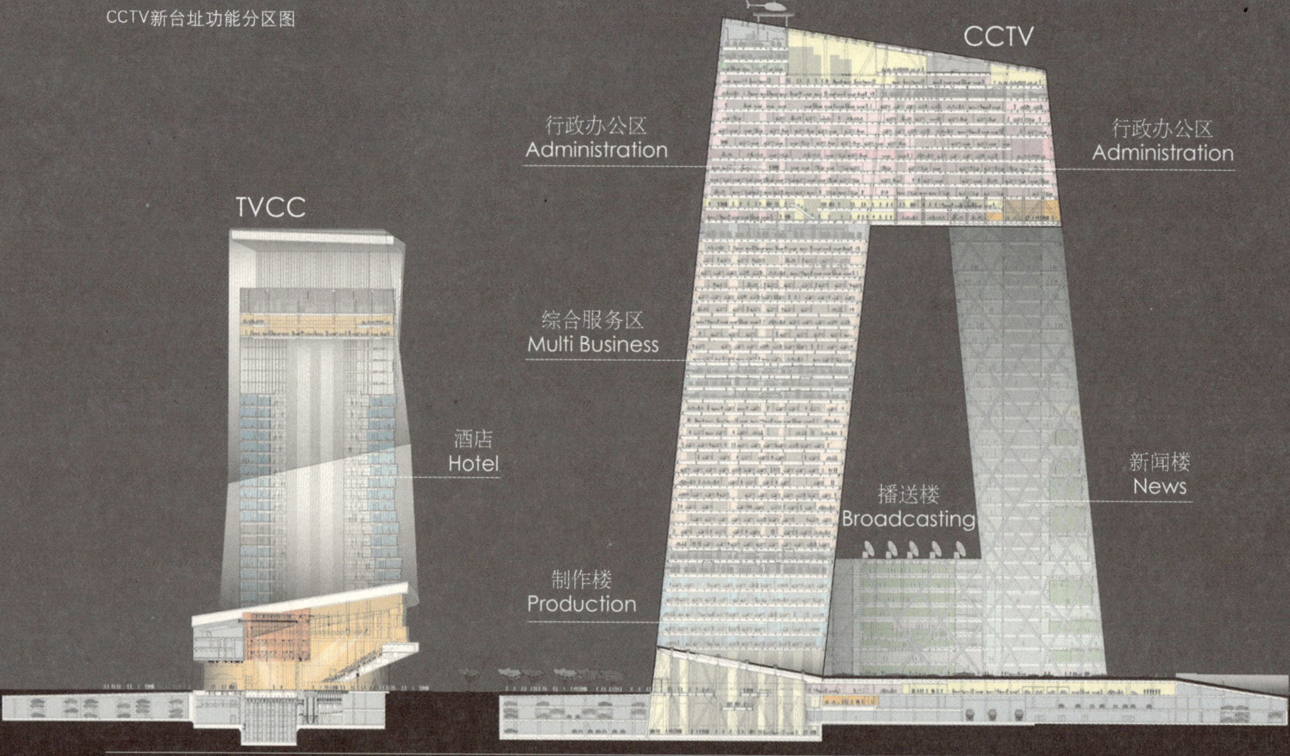

①摘自本书作者2007年对奥雷·舍人进行的专访。

CCTV新台址效果图

在库哈斯和舍人的方案中，大楼将有超过四分之一的场所完全面向公众开放。这就意味着，普通百姓也可以走入这座大楼，近距离了解电视节目的制作过程。但是，作为一个国家级媒体，中央电视台对安全保密有着严格的要求，公众的进入，是否会影响电视台的正常流程？如何才能解决两者之间的矛盾呢？

在这栋建筑里，有两条不同的平行流线，员工流线与参观流线。它们互相交织，但实际上是严格分隔开的。在专门对公众开放的参观流线中，观众可以沿一条双向环路从底部一直到顶楼。在参观过程中，虽然能够看到工作人员和节目的制播，但两者之间却互不影响。在顶部的观光层，观众不仅可以看到令人惊叹的大楼内部结构，同时还能够俯瞰CBD地区的全貌。曾经神秘而不可接近的中央电视台，终于向公众敞开了它的大门。

人们一开始可能认为这个建筑特立独行，形状又很奇怪，像个天外来物。但它的形状最大的特点就是开放性，是一种欢迎的姿态。它的尺度和周围的很高的摩天楼比，并不是从高度上取胜，而是创造了大型建筑的一种亲近感。从这个角度看，可能会成为CBD和这座城市的地标。①

①摘自本书作者2007年对雷姆·库哈斯进行的专访。

巨型建筑的力量感

若要深究这个新时代的城市设计者和建筑设计者们对于CCTV新台址的理解方式，那么不妨思考：为什么很多人说CCTV新台址是一个“很有力量感的建筑”？作出此番评论的人不是敏锐的记者就是睿智的建筑评论家。两者的区别在哪里呢？敏锐的记者只是很好地找到了一个词语用来描述他所看到所感知到的CCTV大楼的形象；而睿智的建筑评论家倒是很好地回避了什么力量这样的说辞。

为什么要建造如此庞大的建筑？当今世界历史的发展似乎和我们背道而驰。20世纪90年代的西方世界，政府失去了资本和控制能力，公共利益从以前受政府保护转变为最大程度的私有化，公共机构甚至是基础设施都无情地受到了私人资金的控制。尤其是资本同市场经济合并的共同推动，导致了西方私有化的尴尬境地。

另一个与建造巨构复杂建筑相左的事实是，如今时代从不动资产运作到信息化资产的经济转型速度之快，使得将巨额资金投入到一个规模庞大、运作缓慢的不动产业上成为了一个不智之举。新时代媒介的力量不再需要通过一幢物质化的大楼来体现：Google公司在中国的总部不过十层楼之高，而其触媒的网络却遍布各地。

同样，美国时代华纳公司和美国在线公司在合并成为世界娱乐媒体超级公司之后，也因为巨型建筑的不合潮流而放弃了原先想让OMA为其设计总部大楼的计划。

那么为什么我们仍旧需要像CCTV新台址大楼这样的巨型建筑呢？中国是现今世界中少数几个顾及到了市场经济发展同时，又拥有强有力政府的国家之一。正是这样

CCTV新台址方案

一种特殊的发展模式，揭示了出现建设CCTV大楼需求的根本原因。这是一种有形的力量，作为国家与政府的喉舌，CCTV新台址的力量绝不仅仅体现在建筑上，它作为一种国家媒体传播的意识形态，建立起了一个覆盖近千万平方公里和世界五分之一人口的传播网络。这种力量在北京活跃的CBD地带扎根，体现了国家对于市场经济的全盘掌控。在2008年北京奥运会世界传媒聚集的时候，CCTV在CBD的存在感将被带向整个世界，中国力量将会以一种巧妙的方式展现在世界人民的面前。

微型城市和建筑意义的淡化

传统意义上的建筑设计，要求在建筑形式上对当地文化作出回应，于是建筑的本质就被外形或者风格所衡量。但正是因为这一点，导致了建筑在实际社会和文化层面上的目的不被关注，建筑所提供的城市空间互动作用没有得到体现。都市人所能认知和感受的城市范围由三个元素组成：人，为人而设计的建筑，建筑构成的城市区域。三个元素之间的因果和构成关系决定了一个城市的特性，三者看似缺一不可，但假设建筑自身的意义在其中被淡化了，换言之，建筑被赋予了更多城市的意义，那这个城市又将呈现出什么景象呢？人们是否将有一种新的方式去体现和感知城市呢？

CCTV大楼设计就是这种假设和理想在北京的实践。

处于CBD核心区域的CCTV新台址基地

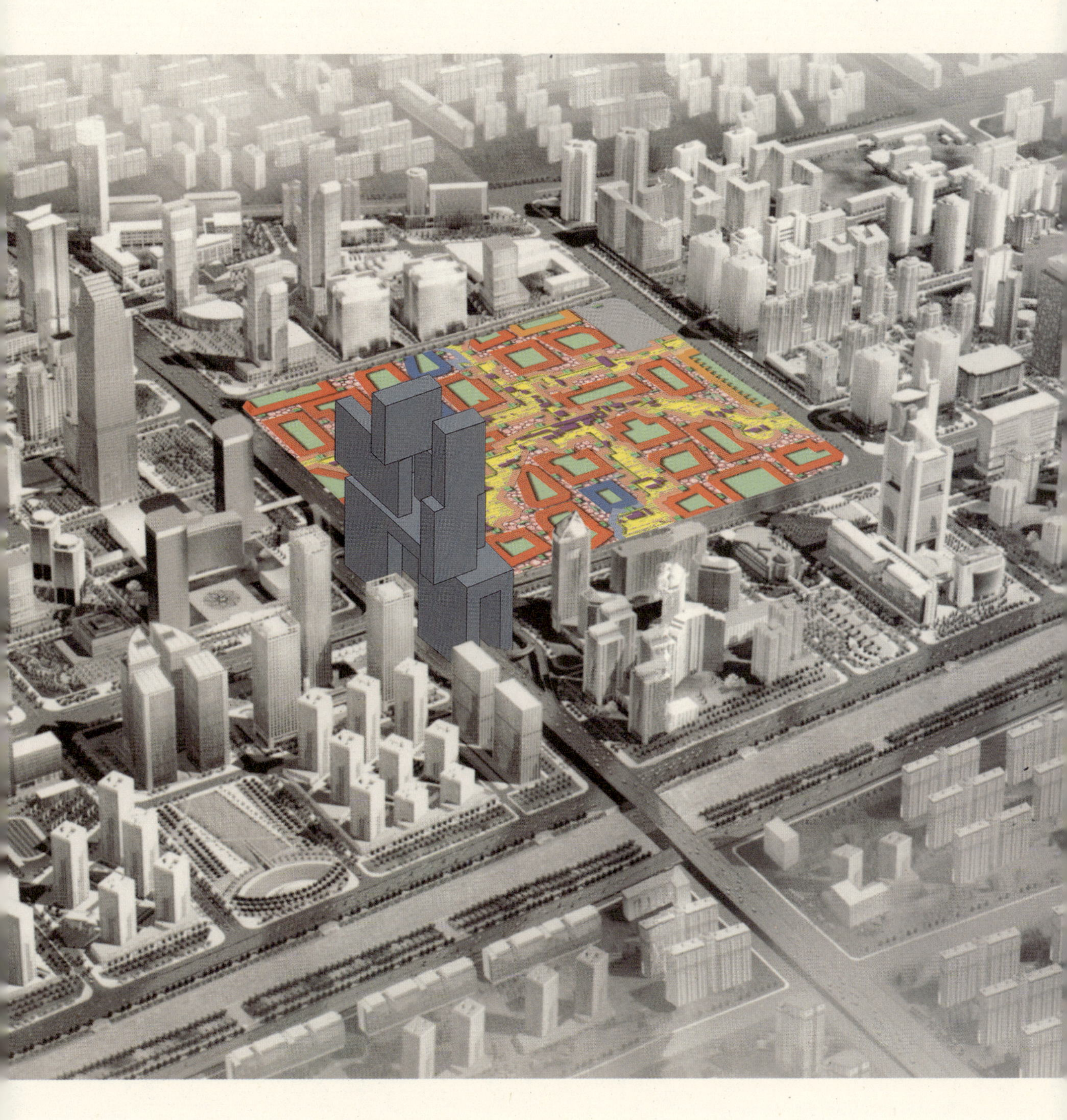

*在设计CCTV大楼的时候，我们尝试着去反思摩天大楼的类型以及媒体机构的地位。我们在寻找一种可以重新与城市相契合的形式，一种可以与空间契合的形式，也在考虑它能否在城市规划和社会两个层面产生影响。*①

一个建筑被赋予越多的功能，其本身的含义就越小。设计CCTV新台址就是在设计一套极其复杂的功能体系，其难度就像是建立一座微型城市，而在这幢大楼里生活的人就像是生活在一座城市里一样。各个不同的功能体块就像城市不同的区域，相互独立而由电梯连接。由于建筑巨大的尺度和复杂的功能，建筑内部与建筑外形之间的距离变大而脱离了关系，于是建筑的形象不足以反映其中这个微型城市。由此一个统一的外形就不再具有更多的建筑意义，它只是一个将这些复杂功能统一罩在一起的一件衣服，它必须寻找一种城市的特性。

我们单看CCTV新台址这个建筑的形体，它是不具有任何“媒体建筑”特性的，也就是说假设有人告诉你，它是一个图书馆，你也完全会相信。但它的确可以成为城市一个区域的标志。具有城市特性的外形、内在的微型城市以及其中的人构成了这座复杂的巨构建筑。在这里不难看到原本作为城市和人之间纽带的建筑，被城市特性的外形和微型城市的内容所替代了。

那么这种建筑自身意义的淡化是源于什么呢？现今建筑承载着越来越多的非建筑因素，尤其在我们的国土上，在社会高速发展的时代下，这些非建筑因素显得尤为明显。试想为什么会有那么多完全不懂得建筑的人来评论建筑？是因为每个人所站的立场和某个切入点与建筑相关。社会、政治、经济等越来越多的因素被加于建筑之后，建筑本身的意义就被淡化了。然而像库哈斯和舍人这样的建筑师没有因为这种意义的淡化而退却。

①摘自本书作者2007年对雷姆·库哈斯进行的专访。

CCTV新台址方案

结语

CCTV新台址的出现将带给我们什么？对于建筑师而言，判断某个建筑历史重要性的一个依据在于它是否标志了一个新时期的开始，分析某个建筑带来影响的一个衡量标准在于它是否为城市和建筑的发展提供了新的模式。CCTV大楼和国家大剧院一样在设计公布之初便受到了广泛的关注。但是与国家大剧院纠缠于形式上的争论相比，CCTV大楼在社会学层面的意义，要远远超越建筑本身。

早期包豪斯的英雄主义建筑观认为建筑师是全能的创造者，是改造社会的责任承担者。这一价值观影响了一代又一代的中外建筑师。而今CCTV新台址的设计者们似乎是在告诉我们：建筑师表面上拥有的“创造这个世界”的权力，而事实上却又需要将其构想付诸实施并且引起业主的兴趣。

这些矛盾构成了每个建筑师，尤其是中国建筑师职业生涯的潜在结构。建筑师无法承担改造社会的使命，而且我们应该认识到中国建筑师在变化迅速的社会现实面前无能为力的事实。这并不是一种消极的态度，而是如今中国建筑市场的真实写照。

对于使用者而言，建筑师的职责不仅仅在于满足客户的需求，他们熟知城市中建筑的发展，需要成为潮流的引领者，所以满足甲方和改变客户是同等重要的，CCTV大楼的设计者们最大程度地在满足实际要求的情况下实现了自己的建筑理想。改变的过程是艰难的，许多CCTV员工无法接受新大楼的抱怨，其实更多的只是不习惯在这个环境下工作，任何一种新的生活或是工作方式都需要接受的过程，我们应该为拥有这样的机会而庆幸。虽然世界范围内如此复杂的综合体已经成为被淘汰的模式，但在中国以一种全新的方式被提出，这种方式是适合我们的，就像小灵通基于落后于手机的通信技术但是能够在中国有很大市场一样。或许在使用之前我们不应该去过多地评论这种模式的好坏，正因为它是没有人探索过的领域。

对于非建筑使用者的城市普通人而言，CCTV新台址的设计带给了您什么呢？作为这个城市中的一分子，您清晰地感受到一个建筑的诞生，它将最大程度地提高您对于城市形象的感知度。另外，它的出现挑战了您审美观的极限。假如您认为它美，认为它有利于城市形态，您就应该去考虑它为什么会让您觉得美。

如果您不觉得它美，这个建筑的出现对于您而言也应该算作是一种顿悟，原来建筑还可以这样盖。CCTV新台址的出现，对于您而言更多的是加强了城市的那个区域在您的城市印象中的信号。

文：阮昊　杨冬江　郑英伟

雷姆·库哈斯／摄影：杨冬江

雷姆·库哈斯访谈

Interview with Rem Koolhass

时间：2007年7月5日／地点：荷兰鹿特丹

Q：您最早关注中国是在什么时候。又是什么原因把您的目光吸引到了中国？

A：我想任何一个关注世界格局变化的人都会关注中国。20世纪60年代初，在我做建筑师之前，我是一名记者，所以我第一次关注中国是从那个年代开始的。另外，就是在1952年至1956年，那时我生活在印度尼西亚。因此，可以说我对于亚洲一直有着浓厚的兴趣。

Q：在您的著作《大跃进》（Great Leap Forward）中，您和哈佛大学的学生们共同研究了广东珠三角地区的城市状态，并将其称之为加剧差异化的城市。请您谈一下这方面的情况？

A：20世纪90年代，我开始在哈佛大学担任教授，我发现城市与人群的关系非常有意思，我们做了关于“城市的课题”（Project on the City）。当时我们所研究的内容主要是关于非洲，但同时也关注到了中国。我与我的学生们做了一个关于广东珠江三角洲发展的调查，并进行了一系列相关性质的研究。我们从1996年的1月开始，从深圳出发，以逆时针的方向，最后回到香港，这其间去了很多地方。在后来出版的这本名为《大跃进》的书中，我们探讨了当时珠江三角洲未来发展的情况，我想这可能是西方第一本关于现代中国城市发展的书籍。

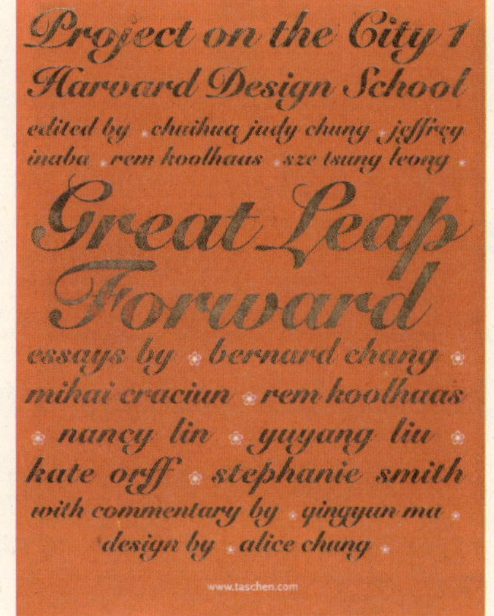

《大跃进》（Great Leap Forward）

Q：可以谈一下当时的具体情况吗？

A：在珠江三角洲我们发现那里的人们拥有超凡的生命力和驾驭事物的能力，他们正在全速建立一座座崭新的城市。当然，这其中有利也有弊。但是，我们所注意到的最重要的一点就是中国的设计正在逐步地发展，中国的建筑师正在努力地去学习和不断成长。因为中国的发展状况，中国的建筑师会有很多实践的机会，会建成很多东西，他们总是在很有效率地工作。

Q：谈谈您对中国建筑师的印象？

A：从我们的书上可以看出，同美国或欧洲的设计师相比，中国的建筑师其实是设计作品最多，工作量最大，但赚钱最少的一个群体。我认为中国的建筑师是世界上最重要的一群人，他们正在改变这个世界的城市状态。而现在欧洲的建筑师基本上无事可做，他们所建成的比例同美国比要低得多，而中国同美国比又要高出很多倍。

Q：在准备参加CCTV新台址方案竞标的同时，您也收到了备受关注的美国世贸中心重建的竞赛邀请，为什么您最终放弃了美国的世贸而选择了中国的CCTV的项目？

A：我是差不多在同时接到了两个竞赛的邀请，我个人认为当时的美国不太可能前瞻性地把目光投向未来，他们更多的是关注过去，关注9 · 11的痛苦和当时的一些很惨痛的回忆。但北京作为一个充满希望的地方，是一个完全不同的状况。所以我认为，既然要选择，我会选择一个比较有希望，能够为整个城市建设作出贡献的项目，而不是到美国去重新记录回忆。

Q：在CCTV新台址方案创作的过程中，您最初的灵感来自哪里？

A：我认为设计灵感应该涵盖两部分，一部分是你想做的，另一部分同样重要，就是你不得不去做的。当我们去考察北京CBD的时候，我们认为那里以后将会成为摩天大楼和独立塔楼的集中地。我们不想再强加一个同样的摩天楼在这里，我们想重新探索摩天楼的另一种形式，用我们的建筑来重新定义这个区域，将把这个地区变得更加开放，变得与众不同。

北京CBD规划方案

在构思CCTV大楼的时候，我们尝试着去反思摩天大楼的类型以及媒体机构的地位，希望寻找一种可以重新与城市相契合、与空间契合的形式，也考虑它能否在城市规划和社会两个层面产生影响。于是，我们创造出一了个非常有趣的倾斜型建筑，这种替代性的设计击败了传统的像针线般插在城市中的直线建筑。

Q：从最初的方案构思到最终的建设实施，CCTV的方案经历了哪些调整呢？

A：我必须声明一点，这个构思从一开始就非常强烈和明确。所以，在整个设计过程当中并没有太大的变化和调整。正是因为想法的强烈，所以与其说是调整，不如说是让它更加完善。因此，我的结论是：它所经历的是一个完善的过程，而并不是一个调整的过程。通常的摩天大楼都是占据了整个的场地而后纵深向上。我们尝试的这个摩天大楼并不是这样一个形式，它并不是一座简单的建筑，它有三维的特质，

两栋高楼起来后，不只是定义了一个建筑而且定义了一个空间、一个场所，这很适合北京这座城市。我们要告诉人们，摩天大楼也可以变成一个公共的、开放的和充满动感的空间。

Q：在设计之初您与您的设计团队曾经到北京的紫禁城和胡同去参观，您希望从中获得什么样的灵感呢？

A：我们希望能够更深入和直接地了解北京。我们不光看了胡同，还看了很多其他的地方。对我来说，很重要的一点是了解北京的历史以及人们在城市当中怎么生活，他们的生活状态是怎样的。除了紫禁城和胡同之外，我们也对北京的其他一些建筑群作了研究，关于高度，关于规模，这样可以有助于我们做出一个更加适合的方案。我认为北京最吸引人的一点是它的多样性和差异化，我们从中也学到了很多。

Q：自CCTV新台址方案公布之日起，您的设计便备受关注并饱受争议，这些来自各方面的争议是否影响到了设计的深化和实施呢？

A：这要看你怎么定义影响这个词。我觉得在这个过程中，对我们最大的影响是我们意识到能够来建造CCTV，这个机会是多么的珍贵和难得。而且，我认为在很多问题上我们不能简单地忽视所有人的意见而只是埋头来做我们想做的事情。但是，有一点必须说明，彼此之间的对话应当是平和的，这在沟通的过程当中非常重要。

Q：您认为未来的CCTV大楼对于北京的CBD地区乃至中国的建筑设计会带来哪些影响？

A：我认为我们的建筑最重要的一点是它拥有一个开放式的造型，在它的内部拥有一个循环的交通系统，人们可以跟空间产生很多互动。人们一开始可能认为这个建筑特立独行，形状又很奇怪，像个天外来物。但它的形状最大的特点就是开放性，是一种欢迎的姿态。它的尺度和周围的很高的摩天楼比，并不是从高度上取胜，而是创造了一种大型建筑的一种亲近感。从这个角度看，它可能会成为CBD和这座城市的地标。另外，我认为CCTV的建成对中国的建筑业会有两方面影响，一个是在造型上，另一个是在技术上。我们并不是简单地把一个建筑坐落在一个地方，更重要的是要用建筑的手段进行一些创造，这些创造包括对结构的创造，对技术的创造，以及对形状的创造。而对形状的创造其实并不是最重要的，最重要的是通过创造力，通过做一个特殊的建筑，推动结构和技术的前进。

CCTV新台址模型

雷姆·库哈斯／摄影：杨冬江

Q：在CCTV新台址的方案竞标中您面对了来自不同国家的竞争对手，您是如何看待这种方案征集的竞标形式的？

A：我当时接到了一个邀请我们参加CCTV方案竞赛的电话，当我接到这个电话的时候，我就有一种预感，我觉得这个竞赛应该是属于我们的。我很喜欢中国在举办这个竞赛时的做法，十个竞争对手，五个来自中国，五个来自国外。五个国外事务所中，两个美国，两个欧洲，一个日本。我很喜欢这种外来文化的比例，这是一个很有意思的方式。

Q：这个项目对于您和OMA（Office For Metropolitan Architecture）来说是否算是一个挑战？

A：当然，这是一个很大的挑战。在一个陌生的国度，你并不了解它的语言和文化，进行这样一个项目，而这个项目又具有非常重大的政治意义。同时，我们也意识到这是一个千载难逢的机遇，整个OMA的影响力也会因为这个项目而得到很大的提升。

Q：与中方的合作是否顺利？

A：同中方的合作是非常具有建设性的，可以说双方合作得非常愉快。中方从没以一个批评者的姿态来共事，他们只是很坦诚地告诉我们：他们喜欢什么，不喜欢什么。同时，在工作过程中我们也对中方提出了很多我们的意见和想法，他们也会很悉心地听取我们的意见，这是一个非常有效的技术完善过程。在合作当中，目前中国所掌握的技术能力被真正挖掘了出来。在与中方的合作过程中，我们遇到了一批能力非常出众的专业人员，他们为CCTV项目付出了很多。

库哈斯与CCTV工作人员

雷姆·库哈斯／摄影：杨冬江

Q：在CCTV的设计方案中标后，您作为中国国家体育场的评委之一再次来到中国，是如何看待自己身份的这种转换的？

A：担当评委对于我来讲并不是一件很舒服的事情，我并不喜欢评判我的同行们。但是，方案竞赛却是一个很有意思的过程，会有很多与众不同的创意脱颖而出。赫尔佐格和德梅隆的“鸟巢”方案，从一开始就显现出了它的与众不同。它既不中国也不西方，它是一个介于东西方之间的形态。在CCTV项目上，我们与中方有着非常好的合作关系，我们的项目也在尝试与本土文化有所结合。鸟巢的方案可以说很好地做到了这一点，我个人认为这是一座非常令人兴奋、令人难以置信的建筑，它带给人们的是一种新的生活方式，生活态度。但是，我并不认同将它比作中国力量崛起的一种解释，因为现在已经有很多关于这方面的标志，鸟巢不需要成为它们其中的一个。

Q：2002年，您曾受邀参加了广州歌剧院的方案竞标，请您谈谈对于与您同场竞技，同样以前卫著称的英国女建筑师扎哈·哈迪德的印象。

A：我认为扎哈的作品一贯是非常出色的，而且风格鲜明。扎哈刚刚从伦敦AA建筑学院（Architectural Association School of Architecture）毕业后曾经加入过一段OMA，但时间并不长。她是一个才华横溢并极具天赋的建筑师。你在和她合作的时候不用和她说你确切的想法，你只要给她一些信息，这个国家的历史文化、项目的背景，她就会根据这些悟出非常好的想法。我和她合作总是去增加她的信心，而不是去禁锢她。她如今所拥有的成就完全是依靠她自己的努力而得来的。

雷姆·库哈斯／摄影：杨冬江

雷姆·库哈斯／摄影：杨冬江

Q：根据目前中国建筑设计管理的相关规定，境外建筑师更多的是侧重方案阶段的设计，而施工图纸只能由国内具有相关资质的设计院来配合完成，您认为这种合作方式对于中国本土设计师水平的提高会有很大帮助么？

A：这里并不存在谁附属谁，谁帮助谁的问题，我认为这是一个很有效率的工作方式，这样可以使大家互相提高。在很大程度上，这种合作是一个平等的，交流的关系。我们在中国设计建筑，也要学习许多中国的文化，中国的政治，中国人的生活状态，所以总的来说这是一个平等的交流。我想，很重要的一点就是想问题的时候不能过于极端，有时候你必须退一步，更换角度观看整个事件的内容以及大的环境和背景，整体地来看待这个问题。

Q：您认为目前中国的城市建设和发展同美国或是欧洲的发达国家相比存在着哪些差异？

深圳证券交易所设计方案

A：我认为所有的城市都有共同点，它们都有摩天楼，到处是高速公路，到处塞满了汽车。就目前的状况来说，我认为美国和欧洲的城市发展速度在放缓，它们暂时已不需要更多大规模的建筑。但是在亚洲，尤其是中国，这方面却正在崛起。我们目前正在设计深圳证券交易所的项目，我认为很重要的一点就是我们不仅仅是在做一个建筑，我们也在观察和研究当代中国的发展与变化，我们会依据城市发展的状态，去建造适合现代人生活的建筑。很难断定差异，我认为最重要的是你怎么看待现代社会的状态。

大都会建筑事务所便位于这幢建筑的顶层和首层/摄影：杨冬江

大都会建筑事务所/摄影：杨冬江

Q：您认为一名成功的建筑师应当具备哪些素质和能力？同时，您能为我们介绍一下您的发展历程吗？

A：我认为这个问题应当因人而异。有些人需要很安静地创作，而有些人则必须富有激情，不同性格与办事作风的人都有可能成为很好的建筑师。但我认为在建筑设计行业当中，最难能可贵的是持之以恒的耐力，因为作为一个建筑师你必须作很长时间的准备，从零开始一点点做起。

我在25岁时遇到了一些建筑师，他们邀请我一起做一些设计。那时我正迷恋于剧本创作，希望自己能够成为剧作家。通过与那些建筑师的合作，我第一次意识到建筑是什么。我非常关注建筑是如何真正改变了人们日常的生活，我意识到建筑也同样可以被转变为一种剧本的创作。在剧本创作的过程中，我们把不同的章节结合在一起，构成跌宕起伏的戏剧；而在建筑创作中则是考虑如何把不同的空间组合起来。同时，我认为建筑师是一个即使年龄增长也依旧以可以继续的职业，经验在这里会起到至关重要的作用。对于电影和剧本创作来说，当你年纪大了以后，你的灵感也许会很快地枯竭。

雷姆·库哈斯办公室的书柜上悬挂着包括普利茨克奖在内的各种奖励／摄影：杨冬江

现在，我并不喜欢被人们称作明星建筑师，因为人们对于明星建筑师的关注更多的会集中在建筑师的身上而不是建筑本身。因此，我在这里希望能够奉劝那些年轻建筑学子们不要将成为明星建筑师作为你们追求的目标。

Q：作为OMA的创始人，您在负责一些具体项目设计的同时还进行着一些学术方面的研究工作，包括创立AMO，您能否谈一下这方面的情况？

A：OMA最初创立的时候是一个很小的事务所，而后不断壮大。对于我个人而言，写作现在变得越来越重要，在独立写作的时候我可以很诚实地面对自己。同时，我一直认为我们需要更多的知识来充实自己，这就是为什么在几年前从事务所的内部开始了一系列的学术研究。我们的事务所叫做OMA，所以研究所叫做AMO，它覆盖了各个领域，包括社会、政治、经济、文化等很多方面的研究。

库哈斯在《CONTENT》一书中对摩天大楼的评述

《CONTENT》封面

在哈佛教书的时候，一年当中会有很多个研究课题。这个过程给了我一个更深入地了解人与社会和环境的机会，我不仅仅只是作为一个建筑师的角色，而是可以从其他的角度来观察我们整个社会的结构。这也是为什么在我进军中国的10年前，就已经对中国的国情有了一定了解。同时，我也非常关注非洲的状况，因为非洲同样是一个充满可能性的地方，我希望在到非洲做任何事情之前能够有一个充分的准备。也就是说，不仅要拥有创造力，也需要丰富知识和信息量作为依托。

■采访及图片整理：杨冬江
■本章图片除署名外均由荷兰大都会建筑事务所提供

05

激情与理性的编织

赫尔佐格和德梅隆与国家体育场

Weaving Passion and Reason

Jacques Herzog & Pierre de Meuron and the National Stadium

国家体育场／摄影：周岚

2008年2月6日，是中国农历丁亥年的除夕夜。在北京城东北部的奥林匹克公园内一座巨大的建筑物亮起了耀眼的中国红，这温暖的灯光立即引来了许多过往的路人驻足拍照。其实，自2004年这座建筑开工以来，每天都吸引着来自世界各地的人们在此合影留念。一座建筑物在施工阶段就吸引了众多的游客的目光，足以说明它的不同寻常，人们给它起了一个形象的名字——“鸟巢”。

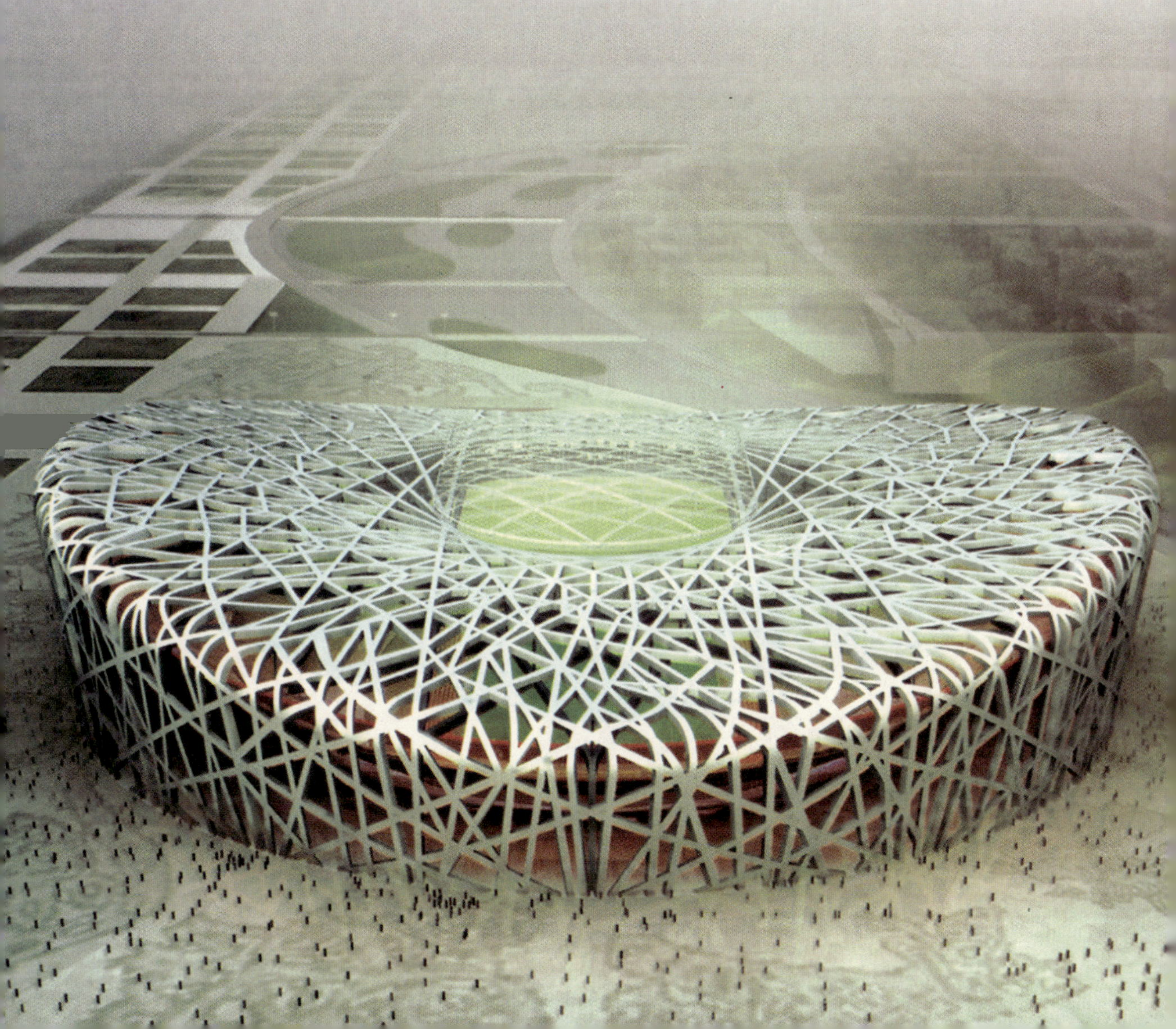

中轴线尽头的期待

中轴线是北京城市形态营造中最为重要的元素，传统中轴线两侧的文物建筑众多，而奥运场馆正是坐落在传统中轴线的北段延长线上。这个选址可谓意味深长，一方面它反映了中国政府对奥林匹克运动会这一国际盛事的重视，另一方面又表达了其对城市肌理的尊重和关注。

从国家大剧院到奥运主场馆，但凡坐落在北京城的大型公共建筑都无法回避“如何呼应城市历史和文脉、如何体现中国特色”这个严肃话题，在既要反映新北京、新形象的同时，又必须注重城市的历史延续性。

2002年10月，北京市规划委员会面向全球征集2008年奥运会主体育场——国家体育场的建筑设计方案，竞赛活动采用资格预审和邀请竞赛的方式。经过资格预审，共邀请境内外14家著名的设计单位（独立或联合体）参加。

5个月后，由各专业专家组成的技术工作小组从建筑、结构、交通、赛事、造价、设备等方面对13个参赛方案进行了专业技术初审，并将初审情况提交评审委员会。

方案评审委员会由13名委员组成，其中国外6人，国内7人，他们当中既有雷姆·库哈斯、让·努维尔、黑川纪章、关肇邺等国内外著名建筑师，同时也包括建筑评论家、体育专家、结构专家、奥运会组织运行专家以及北京市政府和北京奥组委的代表。

2003年3月25日傍晚，北京市规划委员会召开新闻发布会，宣布2008年奥运会国家主体育场设计竞赛评审结果。从正式参赛的13个设计方案中，评委们选出了三个候选方案。其中，赫尔佐格和德梅隆建筑事务所与中国建筑设计研究院合作设计的“鸟巢”方案宛若金属树枝编织而成的巨大鸟巢，向人们展示了一种从未有过的建筑形式。与将重点放在体育场屋顶设计的其他方案相比，“鸟巢”突破常规的外形吸引了许多人的眼球；由日本株式会社佐藤综合计画与清华大学建筑设计研究院组成的联合体设计的“天空体育场”，形似北京城市景观相连续的平缓的绿丘之上萦绕着的白色悬浮屋顶，其特点是在大屋面的中央设置两个半月形的玻璃顶篷，通过相对旋转和平行滑动来完成大屋面的开合；北京市建筑设计研究院的方案则以龙为意向，设计了世界上独一无二的“悬浮开启屋面”。

赫尔佐格和德梅隆建筑事务所与中国建筑设计研究院合作设计的“鸟巢”方案

由瑞士建筑师赫尔佐格和德梅隆与中国建筑设计研究院联合设计的B11方案成为重点推荐方案。他们获得了8张赞成票——对比国家大剧院竞标时一轮又一轮的修改和争论不休，其优胜程度是显而易见的。在随后为期一周的面向公众的方案展示上，他们的方案共获得3506张观众赞成票，同样位居榜首。就此，一个造型新颖、结构恢宏的超级建筑将继续书写北京中轴线上的辉煌。

北京市建筑设计研究院设计的“悬浮开启屋面”方案

日本株式会社佐藤综合计画与清华大学建筑设计研究院组成的联合体设计的“天空体育场”方案

关于赫尔佐格与德梅隆

1950年，雅克·赫尔佐格与皮埃尔·德梅隆出生在瑞士的巴塞尔。从7岁起，他们就结伴度过小学、中学和大学时光。两人的青年时代都曾深受德国艺术巨匠波依斯和美国波普艺术大师安迪·沃霍的影响，但是他们并没有选择艺术作为自己的职业，而是成为了建筑设计师，并合作成立了现已闻名世界的建筑设计事务所，他们认为建筑也许更能直接地改变自己生活的城市。

赫尔佐格与德梅隆位于巴塞尔的事务所／摄影：杨冬江

我们两人从孩童时代就在一起，慢慢学会一起做事，一起玩，一起分享，互相帮助，彼此间没有什么嫉妒。我们以前在一起就相处得很好。我们在建筑上能合作无间，也许是因为我们两个的才华不同，两个人一起合作会做得比一个人好。①

巴塞尔沃尔夫信号站／摄影：杨冬江

作为蜚声国际的建筑大师，他们的作品遍及世界各地，巴塞尔沃尔夫信号站、伦敦的泰特美术馆以及东京的Prada专卖店都是他们的代表作品。2001年，赫尔佐格与德梅隆被同时授予国际建筑设计界的最高荣誉——普利茨克奖。

除了被称为“极限主义”的作品备受关注外，他们长达几十年共同奋斗的手足之情和合作之道也让人们非常好奇。许多人认

①摘自本书作者2007年对雅克·赫尔佐格的专访。

为他们肯定是志趣相投、性格上有许多共同之处的搭档，但事实上他们天赋各异、并没有太多的共同点。

*事实上我们并没有很多共同之处，我想这也许才是我们能合作这么久，这么好的原因。其实，长期和皮埃尔（德梅隆）合作并不是早就计划好的。但是一步步走来，我们就合作了这么久......但这就如同生命中许多其他事情一样，你不能确切解释这是为什么。*①

在建筑项目的设计和实施过程中，他们也并没有特别明确的分工，如果非要分出个区别来，赫尔佐格更偏向于主“内”，德梅隆则偏向于主“外”——赫尔佐格更为专注于设计之内的事务，而德梅隆更为注重与甲方、施工方的沟通和设计的实施部分。

*我们俩的工作分工是很难完全区分开的......在“鸟巢”这个项目，皮埃尔去中国的次数比我多，和业主的会议也比我多，但是我们俩对这个项目的影响并没有什么不同。我们的才能、性格，天赋各异，但是在项目中你很难说我做了什么，他做了什么，你会在工作过程中忘了这些，否则你会整天被这些无关紧要的想法缠住。我觉得更重要的是提升设计团队的活力和创造力。*②

建筑的确不同于其他任何门类的艺术创作，它不像写小说，一个人就能决定小说的发展情节，任何一个建筑的出现和存在，其鸣谢名单肯定不是一张A4纸可以完成的。赫尔佐格和德梅隆凭借着设计才华和对建筑的真知灼见，外加上这种在合作过程中不计较个人名利的精神，在建筑设计界留下了浓重的一笔。

---

①②摘自本书作者2007年对雅克·赫尔佐格的专访。

东京的Prada专卖店／摄影：杨冬江

“鸟巢”施工现场

超凡的编织

提到中国国家体育场，绝对不可不谈的就是其看似无序的钢结构编织外形。这个编织结构不仅仅只是结构，它构成了内部空间、塑造了建筑表皮，由内到外浑然一体。

*它的结构、空间、表皮、外部空间是一体的......它的灵魂就是结构、空间和表皮......在其他的奥林匹克运动场，钢只是作为支撑构件，它的职能就像奴隶——仅仅是把建筑支撑起来。但在中国国家体育场，钢不是奴隶，钢和水泥就是一切，钢构建空间，钢是表面，同时钢又把所有东西联结起来。*①

在国家体育场的招标文件中，明确提出了建筑物的屋盖必须具有可开启的功能。为满足这一设计要求，如果运用传统的结构联动形式，体育场的屋顶势必会出现两根巨大的钢梁贯穿于整个体育场上空，单纯从结构上讲它是成立的，但是如果从建筑美学的角度考虑似乎又很难去完美地处理。

在可开启屋盖的处理上，与其他参赛方案将可开启屋顶演变成设计中最具表现力的核心不同，赫尔佐格与德梅隆设计了一个最简单、最容易操作而且造价也相对较低的方式，采用平行的推拉滑动方式来开启屋盖。简单来说，就是可开启屋盖只需要两条平行的大梁，利用这两条平行的大梁作为滑轨来承托可开启屋盖的重量。这个问题看似简单，但对于他们之前设想的碗状外形来说，两者在视觉上却存在相当大的矛盾。从方向性来说，椭圆形是一种呈放射状的形体，而平行线则有很强烈的方

①摘自本书作者2007年对雅克·赫尔佐格的专访。

向性。他们尝试了各种方法，但都不能让屋顶的平行轨道与椭圆形的体育场很好地融合在一起。在设计的最后阶段，设计小组的成员甚至提出放弃滑动屋顶的想法。

这时赫尔佐格想到了一个之前曾经被否定的方案。早在设计之初，设计小组曾提出过一个利用不规则的钢结构直接作为建筑外观的想法。他们设想把原本规则的钢结构交错起来，形成体育场的独特外观。这一方案在随后的论证过程中，由于承重问题以及施工难度过大而被迫搁浅。而此时，这种不规则编织的钢结构由于可以遮挡这两条巨大滑道而又被赫尔佐格重新提了出来。他首先将支撑可开启屋盖的两条平行线画了出来，然后又画出其他的非平行的一些大梁，同样按照和内环相切的方式，这就使得钢结构编织的方式变得相对地有规则起来。设计小组的成员们一致认为这种方式既能在结构上成立，美学上也肯定优于其他方案。经过结构工程师精密的计算和评估，“鸟巢”的概念被最终确定下来。

*如果采用这种设计我们就不会再为遮挡钢梁而费心了。相反我们需要它暴露在外面，然后所有的钢结构从它们身上衍生出来，就像大树的枝杈一样。而这些枝杈可以相互交织，自然成为整个建筑的外表。*①

实际上，这个看似无序交织、结构复杂的建筑结构，内在构造十分规律。赫尔佐格与德默隆的设计将三个层次的钢梁编织在一起：第一个层次为主结构，包括24根组合柱和48根主桁架梁，它们沿着屋顶中央开口呈辐射状相切编织；第二个层次是作为次结构，用来填补第一层次钢梁所形成的空隙；第三个层次的钢梁用于支撑立面的24组大楼梯，并延伸到屋顶。它既是结构，也直接形成了建筑物美轮美奂的奇妙外观。

---

①摘自本书作者2007年对雅克·赫尔佐格的专访。

人们形容它是鸟巢，这可能是公众的印象。但实际上，我们还可以把它解释成其他中国建筑上的东西，比如菱花隔断，有着冰花纹的中国瓷器等。它是一个容器，包容着巨大的人群，这就是中国。①

①摘自本书作者2007年对雅克·赫尔佐格的专访。

内外兼修

中国国家体育场——“鸟巢”梦幻般的外形，是赫尔佐格与德梅隆带给2008年奥运会的一个巨大的惊喜。但是要让北京举办一次历史上最成功的奥运会，仅有这些是远远不够的。从第二次世界大战以后，每一届奥运会除了表达人类对于奥林匹克精神的崇敬之外，它还是一个国家综合国力展示的舞台。中国人同样希望通过这次机会向世界展示自己。除了体育场华丽的外形之外，鸟巢体育场看台的人性化设计与自身的安全也成为许多人最关心的问题，它们同样是一个一流体育场馆的重要标志。

赫尔佐格与德梅隆恰恰拥有设计体育建筑内部空间的独特灵感，因为赫尔佐格本人就是一位足球迷。在他们的事务所每星期都会组织一场足球比赛，赫尔佐格与德梅

赫尔佐格与德梅隆设计的德国安联体育场

"鸟巢"结构模型

隆只要有时间一定参与其中。

2006年德国世界杯上令人瞩目的安联球场便是他们的经典作品，这座耗资2.4亿欧元、最多可容纳7万名观众的球场外部装载了一个充满气垫的外壳，分别有红、白、蓝三种色彩可以投射在体育场环形的外部结构上，它们分别代表德国国家队、拜仁慕尼黑队与慕尼黑1860队，这样城市中的每个人一看球场的颜色就知道是哪只球队正在比赛，他们的这一设计完全出自于对体育的深刻理解。当德国人在这块球场上庆祝取得该届世界杯季军时，整个球场变成了欢乐的海洋，安联体育场也因为独特的造型与人性化的设计成为那一届世界杯的亮点。

从最根本的使用目的来说，体育场是一个装载竞赛者和观赛者的容器，而两者之间"被看"与"看"的关系、两者之间的合理距离才是构成体育场形态的核心。赫尔佐格与德梅隆认为，体育场最本质的功能就是为运动员和观众服务以及享受体育比赛所带来的快乐。

当体育场座无虚席时，体育场就像是一个容器，运动员和观众就在容器底部。我们不想破坏这种感觉，我们希望营造一种整体感。我想这就是"鸟巢"与其他现代

*体育场的最大不同。相对于更注重技术含量，但将观众与赛事相割裂的现代奥运场馆，中国的国家体育场也许会让你更多地想起古罗马竞技场。我不理解的是，为何必须将观众分割为围绕赛事的单独个体......对每个人来说，它必须是舒适且有吸引力的，能让每个人都向往和深爱的。*①

国家体育场看台的形状呈一个边缘起伏的碗状。它包含了足球场、田径场以及观众看台，它们相互组合形成为一个立体的、三维变化的碗状造型。建筑师为了使观众的观赛视线比较均匀，将平行于赛场的长轴方向的观众席安排得较多，因为在这个方向上观众的视线比较均衡，可以比较良好地看到场地两端的比赛情况。以足球比赛为例，两队的球门就可以尽收观众眼底。当长轴方向看台的坐席安排较多时，它就在三维垂直方向上高了起来。而另外两个方向是平行于短轴的，它的视线并不均衡，仅能看清一端的情况，因此坐席就没有安排那么多，于是在三维高度上它就低了下去。这也就是为什么很多人会觉得鸟巢很像中国元宝的原因。

“鸟巢”的看台除了在视线方向性上有所选择外，看台最远端与赛场的距离也是一个技术上的处理重点。看台在垂直方向上分为三层——下层看台、中层看台和上层看台。中层看台的前端和下层看台的后部，以及上层看台的前端和中层看台的后部都有不同程度的重叠。这些看台重叠的目的就是为了让所有的观众，特别是最上层、最远端的观众都能够对赛场的中心有一个尽量靠近的距离，最大程度获得一个比较好的视线质量。这一看似简单却充满人性化的设计，让91000名观众非常紧凑地容纳在一个离赛场半径不超过142米的圆形空间里的同时，还使最后排的观众与体育场中心的常规距离缩短了近50米。

---

①摘自本书作者2007年对雅克·赫尔佐格的专访。

停工与“瘦身”

对于建筑物“内外兼修”的理解与运用使赫尔佐格与德梅隆成为国际著名的建筑师。这次他们设计的中国国家体育场的方案一公布，许多业内人士就惊呼“鸟巢”独特的造型与设计将改变体育场馆及大型公共建筑的发展方向。然而，鸟巢开工一年半以后，赫尔佐格和德梅隆却经历了他们设计生涯中最富戏剧性的转折，2004年7月30日，“鸟巢”方案在一片溢美之辞中被勒令停工修改。

2004年，“适当控制投资总规模，调整和优化产业结构，坚决遏制部分行业和地区盲目投资、低水平重复建设”成为国家宏观调控的重点之一。同年5月，巴黎戴高乐机场倒塌事件引发了人们对于奥运工程安全性的担心；在6月召开的中国工程院院士大会上，土木建筑学部的部分院士提议，应就奥运场馆建设中存在的问题向有关部门反映汇报；而在此期间，温家宝总理提出的建筑应遵守“经济、实用、安全、美观”的八字箴言，恰恰为专家们的建议提供了可靠的行政依据；7月，一封由多名院士联名起草的信件被递至国务院负责人的案头，起草者质疑有些建筑“片面营造视觉冲击”，极大地提高了工程造价，并忽略安全、实用、环保等建筑基本要义；7月27日，北京市市长王岐山在中共北京市委九届七次全会上表示，北京奥组委及其他相关部门必须牢固树立“节俭办奥运”的观念。这位同样以务实著称的市长提出了三点要求：一是要尽可能利用现有体育场馆，减少重复建设；二是新建场馆标准要适度，在满足赛事需要的前提下重新调整项目规划，千方百计降低工程造价；三是新建、改建场馆要充分考虑赛后利用。在这场大规模的反思过程中，“鸟巢”成为首当其冲的响应者。

对于“鸟巢”的质疑，主要来自可开启屋顶和用钢量过大两个方面。国家体育场最初招标时的造价要求是40亿元人民币，但在“节俭办奥运”的呼声下，政府的可研报告要求“鸟巢”造价降为30亿元以下。

面对来自多方面的质疑，赫尔佐格表现出一种充分的理解和豁达。

这只是在方案设计和建成之间的一个暂时的阶段。这是一个过渡期，你总是需要在工程完工之前不断调整，优化方案。

我们预想的用钢量是很难和其他体育馆或者是纯粹功能上所要求的用钢量相比的，就像我们不能拿苹果和马铃薯的淀粉量作比较一样，因为它们不是同类的东西。在北京的国家体育场，“钢”担任着多重角色：它既是遮盖观众的一个大屋顶，又起

赫尔佐格和德梅隆在"鸟巢"工地/摄影：杨冬江

*着结构支撑的作用，它在构建空间的同时，又在塑造建筑的外立面。*①

2004年11月下旬，赫尔佐格和德梅隆事务所与中方合作团队所作的设计优化调整工作顺利完成。优化调整后的方案维持了"鸟巢"的设计概念，取消了可开启屋盖，扩大了屋顶开孔，减少了观众席中的临时座位，安全性能得到进一步提高。

*事实上，我们对此修改也是很满意的。因为真正的变动只是屋顶被取消，这个顶部本来就只是竞标文件的要求，不会影响到设计的根本理念......顶部被取消之后，整个建筑变得轻盈而优雅，所以取消屋盖其实在很大程度上是一件好事。*②

2004年12月28日，国家体育场工程正式复工。

---

①②摘自本书作者2007年对雅克·赫尔佐格的专访。

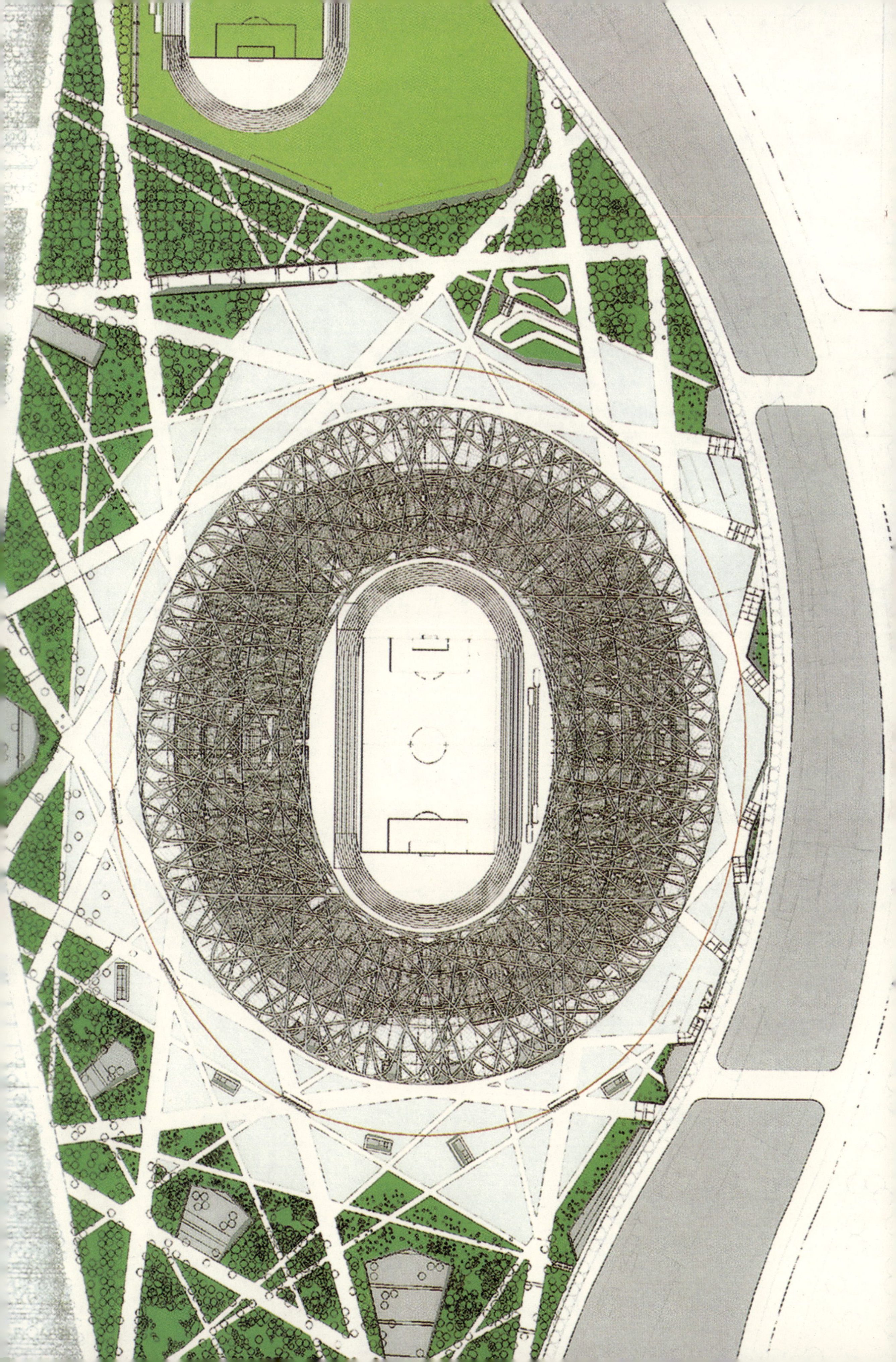

"鸟巢"的现在时与将来时

盛事开始在即，没有人能够准确预计这将是一个怎么样盛大的场面、将会有什么样的奇迹诞生，但唯一可以确定的是，这里将像一个凝聚核一样，吸引着无数观赛者的到来。面对如此盛事，安全问题是不容忽视的，当一个体育场馆满场的时候、当集聚人数非常多的时候，如何进行有效的人流控制、如何防火、如何疏散等安全问题无疑备受关注。

安全问题在"鸟巢"体育场的设计里面肯定是被非常充分地考虑到的。由于恐怖袭击是无法预知的，所以很难做出一个完美的设计对策。但应该说我们设计的是一个一百年使用寿命，能够抵抗8级地震的一个工程。从设计上来讲，它已经达到一个相当高的安全级别了，而且我们抗震是经过了专门的抗震审查。安全在这个时候其实有一个权衡性问题，当然你也可以造使用寿命200年的，和抗9级地震设防的，那它不是更安全吗？它甚至可能会抵抗任何形式的恐怖袭击，但是不是值得呢？是不是

*值得花这个钱呢？它是不是会必然发生呢？我觉得实际上建筑的问题，有的时候是需要权衡的问题，我们是这样考虑的。所以，根据国家、根据业主的要求，我们把它的安全性定在这个级别，它的使用年限，它的抗震级别，我们按照这个要求来做的。*①

体育场整个疏散体系非常严密，基本上可以分成两大部分，一部分是正常疏散体系，即正常情况下，观众的进场和出场；另外一部分是特殊疏散体系，即紧急情况下的进场和出场，或者是特别人群使用的一个疏散体系。前者主要是以不同位置设置的楼梯和集散大厅来构成；后者是将体育场分成12个区，每个区作为一个小的独立体系，每个分区都布置有自己的核心体。这个核心体里除了安排有为观众服务的卫生间、快餐、冷饮设施外，非常重要的就是每一个核心体里都有一个交通核，紧急疏散的交通核——里面有垂直的楼梯、消防梯、紧急疏散通道以及为残疾人和老年人使用的电梯。

---

①摘自本书作者2007年对国家体育场中方总设计师李兴钢的专访。

建筑设计就是这样一个不厌其烦、细致入微的调整过程，鸟巢的设计经过了建筑师和结构工程师无数个日日夜夜的反复推敲，从编织结构的推导、可开启屋盖的变更到出入口标识设置的修改、安全疏散的调整，这远不是故事里描述的灵感突现接着下笔生花那般酣畅，理性、细心、坚持才是建筑故事背后的真实所在。

奥运建筑因奥运而生，但它的存在却不因奥运盛事的结束而结束，它将依然屹立于承办城市，或被喜爱、或被冷落，或继续举办活动、或被城市闲置。也正因如此，进入20世纪90年代以后，各界对奥运场馆的赛后利用均给予了高度关注，人们不愿看到奥运会的举办会对承办城市增加过多的经济上的负担，或者带来财政损失，而是希望它的召开能给承办国留下一笔宝贵的物质与精神财富。

*在设计国家体育场时，我们的重点同样放在了奥林匹克运动会之后体育场的使用方面。奥林匹克运动会对世界产生很重大的影响，但是它持续的时间太短了。对北京而言，对北京人民而言，体育场在运动会之后能否继续使用，这才是最重要的。作为一个建筑师和一个生态主义者，我们觉得我们有责任让一座优秀的建筑，让北京体育场在奥运会结束以后还能继续开放，就像埃菲尔铁塔一样，成为一个城市的标志和公共活动空间。*①

到目前为止，去谈论如何进行赛后利用可能还为时尚早，因为现在并不能具体计划哪些方面需要改造和进行如何程度的改造。但重要的是，体育场馆的整个设计理念充分考虑了奥运之后的角色转换并为此留出了足够的设计余量。当一个建筑本身具备了这种能力，当它具备了足够的吸引力，这就为它的顺利转换提供了有力的保证。这里提到的吸引力——一种潜在的心理力量对于建筑是非常重要的，只有一个

---

①摘自本书作者2007年对雅克·赫尔佐格的专访。

北京奥林匹克公园／摄影：杨冬江

建筑被人们喜爱，它才有可能存在久远，每一座城市所保留的伟大建筑都源于人们对它的喜爱。古往今来，从古埃及的金字塔到罗马的万神庙、北京的故宫，这些建筑原有的某些功能已不复存在，它们的光彩可能亦不复当年，但它们依然被完好地保存下来。

*这种角色的转换更多的是由政治的或者文化上的需要来决定的。这不是我作为一个建筑者或者规划者所能决定的。我们能做的就是保证它具备这样的转换能力，以及作为一个公共空间在奥运之后保持足够的吸引力，而从目前来看，这是一定的。我们也乐于鼓励政府机构来实现这个转换。*①

①摘自本书作者2007年对雅克·赫尔佐格的专访。

结语

一朵一朵建筑奇葩在北京城市的土壤上盛开：安德鲁的国家大剧院、库哈斯的CCTV总部大楼、赫尔佐格和德梅隆的国家体育场......这朵朵奇葩共同构筑了21世纪新北京的新形象。我们在惊异于奇葩的同时，不得不为北京的开放、包容、活力而感叹。也许有人对此态度存在异议，认为这只是一种没有原则的接纳、对北京城历史文化文脉的漠视和割断，但如果城市的形象仅靠历史、文脉和古迹去营造，难免让人觉得城市停止了新陈代谢，显得苍老而无力，每个城市都必须选择一条路去继续发展，然后勇往直前从而到达未来。在2008年3月11日，北京奥运会主体育场和他的设计者赫尔佐格和德梅隆获得英国设计博物馆评选的建筑设计大奖。评委对设计的评价是："北京的国家体育场建筑是自1972年慕尼黑奥运会以来从未有过的能全面体现当代体育场馆概念的设计。它蕴涵了中国作为一个现代化国家的出现，也是赫尔佐格和德梅隆不平凡的职业生涯中一个辉煌的成就。"虽然此次获奖的并不是中国本土设计师，但毕竟中国有这样的眼光，选中了一个如此出色的建筑。北京城见证着中国建筑历史的发展和成长，从帝王宫殿到苏联式建筑，从胡乱"戴帽"到更高层次的传统与创新结合，从求新、求异的浮躁到一种和谐以致远的状态，我们有理由相信，"他山之石"的存在为的只是"攻玉"：在一座又一座新建筑的引导下，在一次又一次外来建筑师的竞争"雕琢"下，中国建筑和中国建筑师们将会一路走好。

文：杨冬江　何夏昀　习昆

"鸟巢"夜景／摄影：周岚

雅克·赫尔佐格／摄影：杨冬江

雅克·赫尔佐格访谈

Interview with Jacques Herzog

时间：2007年6月26日／地点：瑞士巴塞尔

Q：请问您是如何决定来中国参加奥运会主体育场方案竞标的？

A：2002年11月的时候我们去了一趟中国，当时并没有什么特别的打算，只是想转一转，看一看。陪同我们的是瑞士前任驻中国大使乌里·希克，他是中国当代艺术著名的鉴赏家，同时也收藏有很多的中国当代艺术作品。另外，还有中国艺术家艾未未。他们说我们应该进行这个旅程，我们会喜欢中国。他们都觉得我们应该参与到中国的建设中。那时候我们才知道国家体育场这个项目，看到中国的建设速度和成就后，我们就决定参与竞标了。

Q：当您来到中国以后，您觉得中国应该建造一个什么样的国家体育场来迎接奥运会的到来？

A：我们当时并没有什么构想。我们来自一个很小的国家，而中国是一个有着很多传统和悠久历史的大国。在我没有更多地了解你们的国家之前，我并没有太多想法。只有当我们了解更多以后，才能开始思考我们能做些什么。

Q：参与中国国家体育场的设计竞标，您认为你们的优势是什么？

A：从一开始我们就有很清晰的目标，有很清晰的空间概念，我们也非常清楚如何去安排体育场的布局。在体育场的设计中，总是有一些关键点需要考虑。比如说如何安排赛场周围的观众席，如何考虑体育场的外立面，体育场的结构是如何与形式结合在一起等等。在这些方面我们很有经验。通常建筑师都喜欢把外立面、结构、楼梯等分开来设计，然后再统一到一起。但我们喜欢把所有因素都综合考虑，把整个体育场变为一个整体。你不能把体育场的任何部分拆开，所有的部分应当共同组成一个空间的元素，这就使得这个设计非常实际，而且这个理念也贯穿我们的整个设计过程。

Q：是否可以回忆一下从方案设计到工程施工过程中给您的感受？

A：在我们的设计生涯中，“鸟巢”绝对是最难忘的工程之一。过程中有愉快的时刻，当然也有困难的时候。愉快的是我们赢得了这个竞标，而且现在也初见成果。能在北京这个世界上最具吸引力的城市之一做这项工程，实在是太美妙了。但是，在这个过程中我们也碰到了很多困难。比如讨论用钢量过多的问题等等。困难虽然有，但是也很正常，因为在大型项目中，在方案设计和施工实施过程中肯定会有很多摩擦，成百上千的人都在贡献他们的智慧和力量，这中间出现摩擦是很自然的，这是必然的一个过程。

Q：您能谈一下鸟巢造型的灵感来源吗？

A：造型是人设计出来的，人们应当平等地共享这个空间。体育场要容纳将近十万人，体育场的外形应当是由所容纳的人来决定，这样无论他们离赛场是远是近都能够很好地观赏比赛。所以决定外形的关键是如何合理地安排观众的位置。人决定空间，这是我们设计中一个很重要的观点。

建筑像容器一样，因此陶器的造型就变得很适用，在中国传统中有很多样式各异的

第29届奥运会比赛期间的“鸟巢”内景／摄影：周岚

"鸟巢"内景／摄影：周岚

中国传统陶器所带来的空间臆想

花瓶（陶器）或是其他这类的物体，我们都很欣赏。所以，造型不仅仅是一个想法，而是一个综合的东西。就像这个结构，感觉像是鸟巢，有很多枝杈附在它的表面上，我们可以有很多臆想。设计也是在不断联想，不断分析，通过很多相互联系的构思慢慢得出来的。比如结构是像鸟巢内的小鸟呢，还是像陶瓷上的裂纹呢等等。就像伟大的艺术品，它不仅仅是一件物品，而且还是很多相互关联的东西的综合体。这个“鸟巢”造型就像一个景观，甚至是自然的一部分，具有多面性和多种可能性。如果它使你联想起了什么，那可能会是很传统的，好像有上千年的历史；有可能会是某个来自下世纪的东西。所以，它很丰富。

Q：国家体育场的造型和表皮与整座建筑的结构是紧密结合的还是分离的?

A；它们是紧密结合的。鸟巢也许是在我们的建筑作品中各环节联系得最紧密的一件作品。它的结构、空间、表皮、外部空间都是一体的。在这方面。它和一些古老的建筑是同一体系的，就像一座教堂，它的灵魂就是结构、空间和表皮。这就是为什么你不能把鸟巢和其他的奥林匹克运动场用来做比较。在其他的奥林匹克运动场，钢只是作为支撑构件，它的职能就像奴隶——仅仅是把建筑支撑起来。但在中国国家体育场，钢不是奴隶，钢和水泥就是一切，钢构建空间，钢是表面，同时钢又把所有东西联结起来。这就是为何鸟巢的用钢量比其他工程大的原因。体育场会给你一个非常坚固的印象，但同时又让人感觉到一种关怀，为观众提供一个广阔的空间，这就是钢的特殊角色带来的效果。体育场内外没有任何分割，它就是一个整体。

Q：能谈谈您跟中国的建筑师和艺术家合作的感受吗？

A：当然可以。首先，艾未未是非常关键的，他陪我们到中国，鼓励我们在中国做项目。他是我们这个项目的一部分，早期的会议他都有所参与。他是很好的艺术家，也很有经验。他是一个很好的顾问，他会从一个中国人的视野，告诉我们应该怎样去设计，告诉我们什么是不合适的，我们的东西是否能够被接受。有他的帮助我们可以做得更本土化，更和谐。他具有对形式、内容和造型的敏感性，是这个团队里很特别、很有趣的成员。

李兴钢是本土建筑师中的一员，他的贡献主要是在技术方面，而不是在内容方面，德梅隆是体育场的主设计师。但是李兴钢像很多其他技术人员一样，在体育场的建造方面做出了很大的贡献。你可以想象，使得这么复杂的一个工程化为现实，这需要付出很大的努力。李兴钢在这个过程中做出了很重要的贡献。

Q：同您以往所设计的体育场（慕尼黑的安联球场、巴塞尔的圣·雅各布公园球场）相比，中国国家体育场与它们最大的不同之处在哪里？

A：它们有很大的不同。巴塞尔是我们设计的第一个体育场，它就如同一个试验品，

德国慕尼黑安联球场

瑞士巴塞尔圣雅格布球场

使我们得到了锻炼，也发现了很多在体育场设计中关键问题。慕尼黑就像是巴塞尔的一个加大版。

巴塞尔和慕尼黑都是足球场，它们和奥林匹克运动场有很大的不同。奥林匹克运动场是友好的，开放的，而足球场就更像是一座城堡一样，两队在其中较量，它是更现实的，是一个竞技场。奥林匹克运动会不同，它是一个友好的比赛，有很多观众在观看比赛，它更趋同于希腊传统中在大自然中建造的体育场。在设计北京的体育场时，我们的重点是放在了奥林匹克运动会之后体育场的使用方面。奥林匹克运动会对世界产生很重大的影响，但是它持续的时间太短了。对北京而言，对北京人民而言，体育场在运动会之后能否继续使用，这才是最重要的。作为一个建筑师和一个生态主义者，我们觉得我们有责任让一座优秀的建筑，让中国的国家体育场在奥运会结束以后还能继续开放，起一个像埃菲尔铁塔一样的作用。北京人喜欢在街上跳舞，喜欢出去溜达，我想这是很难得的，在其他城市中这种情况并不多见。体育场应该能够被人们使用。它外面和里面的结构有很大的潜力能成为一个新的公共空间。就像天坛旁的公共空间一样，你会在周日带着家人和孩子去那里走走。体育场也能成为这么一个公共空间。所以，在开放性方面，在公共空间的作用方面，奥林匹克运动场和其他的足球场是完全不同的。

Q：您刚刚提到北京人喜欢公共空间，喜欢在户外活动，那么在你们的设计中是如何考虑这方面的需求的?

A：首先，这个体育场始终是开放的，你会发现里面和外面空间交流性很好，可以自由出入。它就像是一个山体雕塑，楼梯引领着你向上，你走在楼梯上，就像是在爬山，或者在大自然中散步，你沿路看着建筑的结构，就像是走进了一座有岩石、有植物的山中。“鸟巢”的结构也让人觉得像是在山里，需要用绳子等工具在攀爬，这就是我们发掘的它的其他功能。另外，“鸟巢”并不仅仅是作为一个建筑存在，而是作为城市的一部分。作为城市建筑来说，必须有这样的吸引力以及和空间的这种相互交流，我认为“鸟巢”做到了这些。

Q：您提及了体育场的后续使用问题，那么，奥运会之后我们都需要进行哪些方面的

改造以使其达到您所提出的使用效果呢?

A：到现在为止，尚未有具体计划说哪些方面需要改造，比如说通道、售票处等等方面。重要的是，体育场的整个设计理念考虑了在奥运之后能运用于其他方面。它本身具备了这种能力，也具备了足够的吸引力。这就是它能在奥运之后顺利地转换角色的保证。而这种角色的转换更多的是由政治的或者文化上的需要来决定的。这不是我作为一个建筑设计者或者规划者能决定吧。我们能做的就是保证它具备这样的转换能力，以及作为一个公共空间在奥运之后保持足够的吸引力。我们也乐于鼓励政府机构来实现这个转换。

Q：在2004年，鸟巢曾一度被要求

赫尔佐格、德梅隆和同事们／摄影：杨冬江

停止施工并进行方案修改，你如何看待这一事件？

A：这只是在方案设计和建成之间的一个暂时的阶段。这是一个过渡期，你总是需要在工程完工之前不断调整，优化方案。我们预想的用钢量是很难和其他体育场馆或者是纯粹功能上所要求的用钢量相比的，这就像我们不能拿苹果和马铃薯的淀粉量作比较一样，因为它们不是同类的东西。在北京的国家体育场，“钢”担任着多重角色：它既是遮盖观众的一个大屋顶，又起着结构支撑的作用，它在构建空间的同时，又在塑造建筑的外立面。

Q：您怎么看待“鸟巢”后来在设计上所作出的修改？

A：事实上，我们对此修改也是很满意的。因为真正的变动只是屋顶被取消，这个顶部本来就只是招标文件的要求，不会影响到设计的根本理念。顶部被取消之后，成本和用钢量都显著降低。从这个角度来说，甲方取消了这个顶部，我们并没有什么异议。体育场的外形是一样的，构想是一样的，把它作为一个公共空间的想法也完全没有改变，唯一的不同是整个建筑变得轻盈了。如果按照原来滑动顶棚的设计，

赫尔佐格与德梅隆／摄影：杨冬江

由于顶棚的活动会作用在建筑上，出于安全的考虑要加固建筑结构，整个建筑将会显得非常笨重。但由于取消了顶棚，整个建筑变得轻盈而优雅，所以取消顶棚其实在很大程度上是一件好事。

Q：您和德梅隆先生合作了很长的时间，这是不是因为您们有很多共同之处？

A：事实上，我们并没有很多共同之处，我想这也许才是我们能合作这么久，这么好的原因。其实，长期和皮埃尔（德梅隆）合作并不是早就计划好的。但是一步步走来，我们就合作了这么久。我们两人从孩童时代就在一起，慢慢学会一起做事，一起玩，一起分享，互相帮助，彼此间没有什么嫉妒。我们以前在一起就相处得很好。我们在建筑上能合作无间，也许是因为我们两个的才华不同，两个人一起合作会做得比一个人好。但是就如同生命中很多其他的东西一样，你不能解释这是为什么。

Q：在您和德梅隆先生的多年合作过程中，面对各种各样的挑战您们是如何共同应对的呢？

A：在过去的许多年里，我一直与皮埃尔（德梅隆）合作。我们从一个小事务所发展到拥有250位建筑师的大事务所，我们学会如何面对不同的挑战。我们总是喜欢在瑞士之外的地方工作。现阶段，我们完成了一些非常知名的项目，如伦敦的泰特美术馆，巴塞尔的劳伦斯基金会，东京的Prada旗舰店等等。我们学会了一步一个脚印地拓展业务，而在中国所取得的进展对我们来说是一个飞跃。对于一个建筑师来说，能在现阶段的中国赢取一个知名的建筑项目是实现自己才华的绝佳机会，我们对此相当看重，我们每一步都很谨慎，清楚知道我们正在做什么。中国的国家体育场对我们来说，并不是对自我的满足，更多的是来满足北京公众的梦想。因此，我相信体育场的最终建成才是最重要的。我们希望即便是奥运结束之后，这个建筑也能很好地融入到北京城市的大环境中。

如果你环视其他承办过奥运的主场馆，你会遗憾地发现

位于瑞士巴塞尔的劳伦斯基金会美术馆／摄影：杨冬江

很多场馆都处在闲置状态。它们的功能太过于单一，只适于举办大型竞技类体育赛事。对于我们来说，真正的挑战在于让它（国家体育场）能够满足体育赛事、音乐会、中央公园、标志性建筑等多样的要求。让它满足奥运的要求是一方面，但我们希望它能带来更多。我们希望它成为当代中国、当代北京的一个亮点。

Q：在具体的工作中，你们两人有分工吗？

A：我们俩的工作是很难完全区分开的，每个项目我们都一起做。我们还有其他的合作伙伴，有时候还和艺术家合作，这样除我们俩以外，其他人也有他们的贡献。但是，事务所的成功关键还在于皮埃尔（德梅隆）每一个项目都亲力亲为。我们把构思都摊开来谈，同时我们也听取其他人的意见，这不会对我们有影响，因为我们两人都有一个全局性的认识，那就是我们都很清楚我们曾经做了什么，我们将来可以做什么，我们不会重走以前的路，也不会掉入过分追求风格的圈套中，而这条弯路

第29届奥运会比赛期间的“鸟巢”外景／摄影：周岚

赫尔佐格和德梅隆事务所内的工作模型／摄影：杨冬江

是其他建筑师和艺术家时不时就会走的。我想两人合作最重要的好处是，你会对自己严格一点，但你回顾过往做的事时，你会看得更客观，更清楚。

Q：即使是在鸟巢的设计项目中，你们俩也没有明确的分工吗？

A：在设计过程中，皮埃尔（德梅隆）去中国的次数比我多，和业主的会议也比我多，但是两者对这个项目的影响没有什么不同。当然我们的才能、性格、天赋不同。但是在项目中你很难说我做了什么，他做了什么。你会在工程中忘了这些，否则你会整天被这些想法缠住。我觉得更重要的是提升活力和创造力。创造力在这里也许不是一个合适的词，但是这确实是和创造力和自由有关，使得这个建筑的内涵更为丰富，这比强调这是谁的成绩更重要。建筑不是一个人说了算的事。它不同于写小说，一个人就能完全决定作品怎么写，建筑设计是一个不同的过程。但是你同样需要在关键的时刻作出关键的决定，这一点倒是很明确的。

伦敦泰特美术馆

Q：在你们的建筑生涯上，鸟巢的设计是否具有特殊的意义？

A：在我们的设计生涯中，伦敦的泰特美术馆算是一个里程碑，下一个就应该是鸟巢了。鸟巢是在北京城市中轴线的北端，这是一个具有重大象征意义的位置，对于我们来说这更是一个意义重大的项目。

Q：您如何看待日益加剧的全球化浪潮对世界建筑的影响？

"鸟巢"外景／摄影：周岚

A：在建筑上，每一项工程都对城市产生着特定的影响。你可以说，在全球化的浪潮中，所有的城市都是一样的，这在某种程度上是正确的。但是，真正使得一座建筑成为杰作的是它的独特之处，真正使得一座城市吸引人的也是它迥异与其他城市的地方。"鸟巢"的设计就是要追求独特的，世界上任何地方都无法寻找到的建筑风格。

■采访及图片整理：杨冬江

■本章图片除署名外均由赫尔佐格和德梅隆建筑事务所提供

06

蓝色的乐章

PTW设计团队与水立方

Blue Melody

The PTW Design Team and the National Aquatics Center

国家游泳中心——水立方 / 摄影：杨冬江

2008年1月31日，在奥林匹克公园内极具阳刚之气的鸟巢西侧，一座占地面积近8万平方米的蓝色水晶宫殿般的建筑正式竣工并投入使用。这就是国家游泳中心——水立方，2008年奥林匹克运动会游泳项目的主体育馆。

水立方的外立面由3065个大小不一的蓝色气枕组成，淡蓝色的轻薄“外衣”在华灯闪耀的夜晚，显得流光溢彩，璀璨夺目。透过水立方这梦幻般的外部造型，它的内部依然呈现出一种奇异的视觉效果。美国《大众科学》杂志，把它与刚刚研发的隐性助听器、只有冰箱大小的迷你卫星相提并论，认为它们是2006年世界上最优秀的人类发明。同时，水立方也获得了包括著名的“威尼斯国际建筑主题奖”在内的多个世界级奖项。

合作之道

2003年1月，在中国奥组委正式启动国家游泳中心的全球招标计划后，远在澳大利亚对体育场馆设计有着丰富经验的PTW建筑事务所立刻对这一项目表现出了浓厚的兴趣，并马上派遣事务所董事、首席设计师安德鲁·佛罗斯特来到北京。

PTW建筑事务所成立于1889年，在澳大利亚久负盛名。近年来，他们在运动场馆尤其是水上中心的设计方面积累了丰富的经验，2000年悉尼奥运会水上运动中心以及雅典奥运会的很多临时场馆均是出自该事务所的设计。

在澳大利亚驻华使馆积极的牵线搭桥下，PTW建筑事务所与中建总公司、中建国际（深圳）设计顾问有限公司和奥雅纳（ARUP）工程顾问公司组成了设计联合体，共同参与中国国家游泳中心的方案竞标。2003年3月，中方派遣的三位建筑师赵小均、王敏和商宏到达位于悉尼的PTW总部，与澳大利亚同行一起开始了投标方案的各项准备工作。

*到了悉尼的当天下午，我们就开过一个会，因为各自收集资料，准备设计的时候要很多的资料，把各自的资料互相地通报一下，然后开始讨论。从一开始，我们也好，对方也好，都不约而同地把这样一个房子跟水联系了起来，游泳馆，本身就与水有关系。*①

确定了以“水”作为设计的概念元素以后，PTW的设计师很快拿出了两个方案：一个类似于“青蛙卵”，通过它透明的表皮材质可以清楚地看见里面的游泳设施；而

①摘自本书作者2007年对国家游泳中心中方总设计师赵小均的专访。

另外一个方案，则是此次设计团队的首席设计师安德鲁构思的“水波浪”。

*安德鲁有一次带着他不到一岁的女儿在海边玩儿，那是他女儿第一次到海边，当时碰到一个巨浪，比人还高好多的那种大浪，铺天盖地下来，他抱着女儿那种放松，那种美妙，那种审美的体验使安德鲁终生难忘，他非常想把这种感觉诠释出来。*①

由于中方的设计方案还没有最终落实，而“青蛙卵”的造型又过于前卫，因此，双方决定将“水波浪”作为国家游泳中心的最终投标方案，并紧锣密鼓地开始进行深化设计。

然而，就在紧张工作了三周之后，“鸟巢”方案成功赢得国家体育场方案竞标的消息彻底打乱了设计团队正常的工作步骤。

*我们当时就想象鸟巢已经是一个非常夺目的，一种很张扬的形体了，如果我们又做另一个形态跟它去抗衡，那么第三个、第四个场馆都会去做这样的尝试，整个奥林匹克公园的整体性就会出现问题。*②

“水波浪”方案

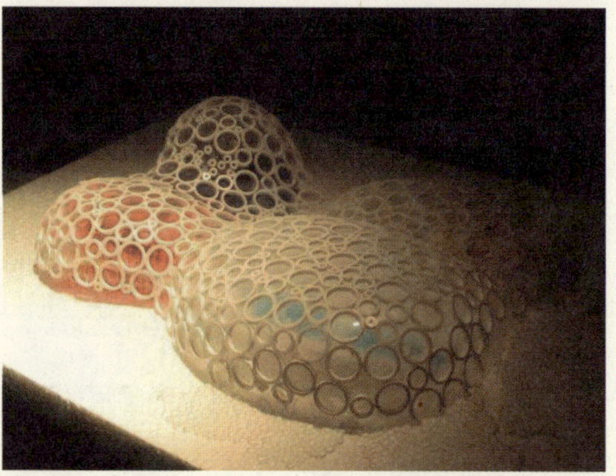

“青蛙卵”方案

①摘自本书作者2007年对国家游泳中心中方总设计师赵小均的专访。
②摘自本书作者2008年对中方设计师王敏的专访。

水立方外立面局部／摄影：石硕

天圆地方

无论是所处的位置和规模，还是其绚烂夺目的外形，鸟巢无疑都将成为整个奥林匹克中心区的绝对主角。这时，如何处理二者之间的关系，实际上已演变成游泳中心设计过程中一个重要的前提条件。正当中方代表对PTW的“水波浪”方案感到前途叵测的时候，中方总设计师赵小均的一个灵感突现，却无意中使“水波浪”的命运发生了改变。

*突然，我发现好多“水波浪”方案功能上的问题，放到正方形里面会解决得很顺。要知道设计师是有一个经验的，往往一个问题想了很久找不到答案，突然有一个办法能让所有的事情变得很简单，这往往就是答案。所以那时候可想而知，我们很兴奋，发现找到了一条出路。*①

为了避免澳方的误会，中方设计师赵小均、王敏和商宏便开始悄悄地躲进模型车间研究起他们偶然发现的“方盒子”。当“方盒子”的设计雏形被制作出来的时候，已经是当天晚上的10点半。这时，依然亢奋的赵小均拨通了总设计师安德鲁的电话，50分钟后，安德鲁来到了工作室，随后他们

“方形”方案构思

①摘自本书作者2007年对国家游泳中心中方总设计师赵小均的专访。

经历了被许多媒体描述成决定水立方命运的“半分钟”。

灯都黑了，只有我们那个会议桌上灯是亮着的，听着他上楼，上楼以后出现在我们面前，坐下来，给他看，也没说什么话。他盯着那个东西看了半分钟，然后就说了一句话，看来你们眼神里面对这个东西很自信，那我们做这个东西吧。这半分钟非常非常令人尊重。波浪是他的，他又是项目组的领导，他还要为所有的人负责，为

水立方夜景／摄影：石硕

*这个项目的结果负责，这个选择是很不容易的，这需要很大的胆识和胸怀。*①

当安德鲁作出决定时已经是午夜十二点了，这时他才想起将要去墨尔本参加一个重要活动。在去机场前，安德鲁慎重地用电子邮件向设计团队中的所有人员发出了他的决定：取消“水波浪”，改用中方建议的“方形”。就是这封匆匆发出的邮件，却引起了轩然大波。在距投标期限不到一个月的关键时刻，彻底推翻原有方案，这种事情在PTW事务所的历史上是从未有过的。由于澳大利亚五分之三的城市都临近大海，海洋风格一直是澳大利亚设计师十分喜爱的建筑主题，所以安德鲁的“水波浪”方案一经推出，立刻得到了所有PTW设计师的支持，而“方盒子”的造型却让他们感到诧异，几乎所有的人都认为这个“方盒子”毫无特色，他们拒绝接受首席设计师安德鲁的决定。

整个设计团队内部迅速笼罩在误解与不信任的气氛中，就在坚持“水波浪”还是改用“方盒子”这两种观点争锋相对的时候，竞标期限已经迫在眉睫。为了做出最后的选择，PTW事务所决定召开一次紧急会议，用投票的方式来决定这两个方案的命运。在会上，中方代表向大家阐释了中国人古老的宇宙观。中国自古就有天圆地方的说法，正方形很早就被中国人运用到建筑设计中，如北京的四合院，古老的紫禁城等等。水立方是蓝色的方形建筑，方形代表土，水在土地上流淌，而蓝色正是水的颜色；鸟巢是椭圆形的红色建筑，圆形代表天，而红色是火的颜色。天与地，火与水，圆与方，这样的设计将使水立方与鸟巢达成完美的和谐。在场的绝大多数澳方设计师对中方的阐述表示了理解和支持，并最终决定延续方形的设计思路向下发展。

①摘自本书作者2007年对国家游泳中心中方总设计师赵小均的专访。

紫禁城卫星航拍图

水立方外立面／摄影：杨冬江

水之魂

在设计团队艰难地确定下方盒子的形状之后，建筑的表皮与结构成为了新的焦点。赵小均提出的运用水栽法体现建筑表皮自然形态的设想由于高额的维护费用被集体否定，深化设计一度举步维艰。然而幸运的是，之前设计过“青蛙卵”的马克给大家带来新的创意。

水立方构思方案

*我们想到了有机细胞的天然图案以及肥皂泡的形成，希望观众坐在建筑里面，能够体会到水的运动产生的各种形式，并由此产生一种身处水中流动的感觉。思路走到这一步时，所有设计师都非常激动。*①

马克建议，如果要做水气泡可继续沿用他在“青蛙卵”中尝试过的表皮材料ETFE②——一种看似与塑料薄膜毫无区别的新型建筑材料。通过对ETFE薄膜进行充气，使其成

①摘自本书作者2007年对PTW事务所约翰·保林的专访。

②Ethylene/tetrafluoroethylene，乙烯—四氟乙烯共聚物，是最强韧的氟塑料，具有极好的耐擦、耐磨和耐高温性。

为“泡泡”，让它更具备水的特质。于是，水立方气泡形状的蓝色立方体设计思路便这样形成了。

近些年，随着人类居住环境的恶化以及自然资源的日益匮乏，许多人开始对建筑的环保性进行反思与研究，ETEF薄膜就是这一时期的产物。它的厚度为0.20毫米，大大低于同等面积玻璃的重量，而且无需日常维护，雨水即可清除表面污垢。同时，ETEF耐磨和耐高温的特性也使设计团队坚定了将其应用在建筑表皮上的信心。但这并不代表着所有的难题都已经解决，相反，另一个超乎寻常的困难已经摆到他们面前。

由于ETFE薄膜自重过轻，所以它大多适合依附于建筑的部分结构上，例如用它代替玻璃，安装在建筑的采光口。就算是使用ETFE最为成功的德国安联球场，其内部也是钢筋混凝土结构，这样体育场就拥有了一个稳固的依托，然后再在表皮附着ETFE薄膜。水立方计划采用的是全膜覆盖的方式，因此设计团队所必须解决的难题是：这种类似塑料布的材质如何既能与整座建筑的结构有机地结合在一起，又可以完美地展现出水泡的奇异效果。

*这时候，与我们合作的工程顾问公司（奥雅纳）给了很大的支持，水泡的方案激发了结构工程师的一些想象。因为在100多年以前，物理学领域就曾提出过泡沫理论，他们觉得这个东西有可能发展成为一种建筑的结构形式。*①

只要进入水立方我们就会发现，它的内部结构与蜂巢惊人的相似，这并非是一个巧合。早在18世纪，法国学者马拉尔其曾对蜂巢进行过仔细研究，他发现，蜂巢中的每个六角柱状体都是按照一定规律组合在一起的，这是目前我们发现的最坚固的多

①摘自本书作者2008年对中方设计师王敏的专访。

水立方模型

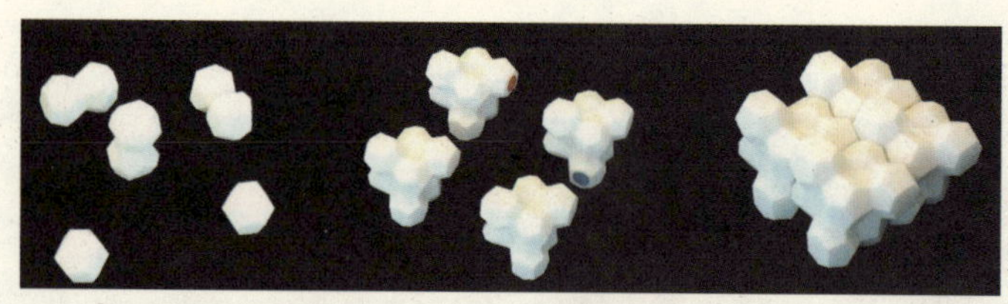
泡沫结构模型

边形组合方式。此后，英国数学家卡尔文又把它深化成著名的泡沫理论。但遗憾的是，从提出这种理论至今，它还没有真正地被应用到建筑领域。

但是，泡沫理论恰恰能解决水立方现在所面临的问题，奥雅纳的结构工程师们决定再次对它发起挑战。短短几天后，一个类似于泡沫结构的模型出现在PTW事务所的办公桌上。通过计算机演算表明，在对抗压力方面，这种泡沫结构的承受力比其他结构高出十几倍。尽管水立方使用自重很轻的ETEF材料，但是内部结构采用这种有规律的泡沫形状之后，便能承受巨大的外力作用。

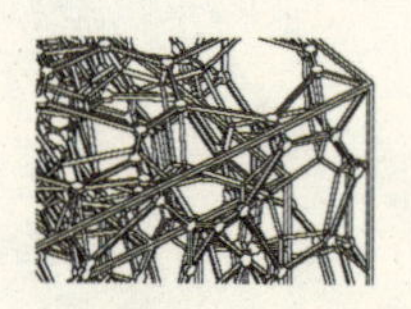
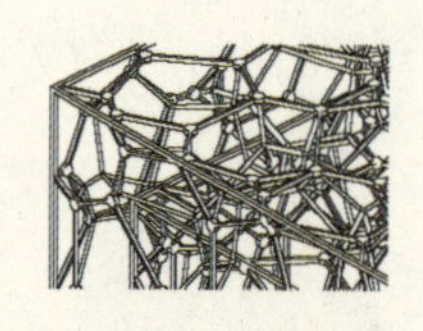
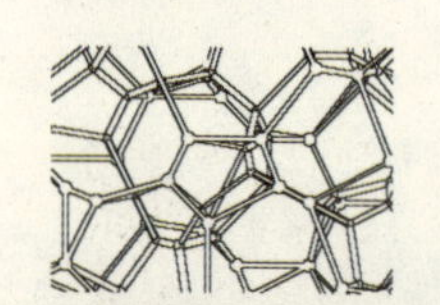
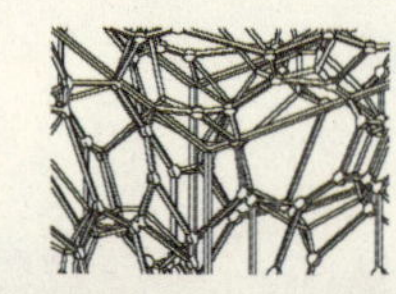
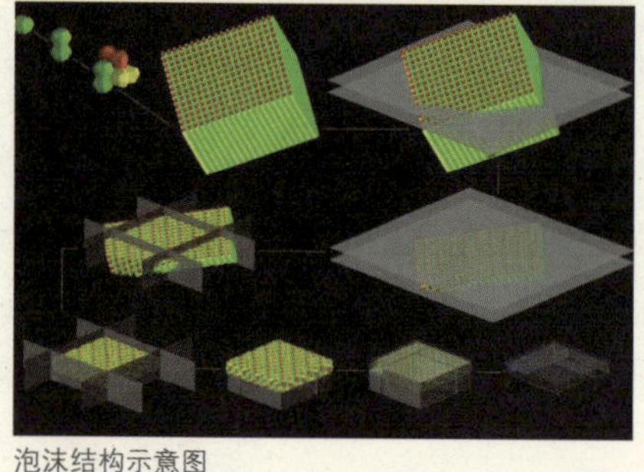
泡沫结构示意图

泡沫结构理论成就了举世瞩目的建筑水立方。它的设计因为泡沫结构原理的应用而变得简约、纯净而又优雅。水立方是一个以水为灵魂的现代建筑，它的钢架结构纷繁自由，覆膜效果晶莹剔透，这些都是水的灵动性的真实写照。

水立方工地现场／摄影：阮昊

浮出水面

美国Rafeel Vionly Architects PC设计的“扇之舞”方案

2004年6月，在海南博鳌的中国国家游泳中心竞标现场，来自世界各地的10个参赛方案将展开最后的角逐。

6月18日，PTW合作团队的设计方案由悉尼辗转到达了海南，由于经过长途的飞行，水立方的方案模型中很重要的一部分在运输途中被损坏。然而，在参与竞标的方案中并不只是水立方的模型出现了问题，来自美国一家设计公司的“扇之舞”模型同样在运输途中被颠簸损坏。巧合的是，这两个方案都入选了竞赛的前三名，而且最有机会问鼎的也恰恰是这两个方案。

美国Rafeel Vionly Architects PC设计的“扇之舞”方案属于可以再生和循环使用的建筑，它的形状就像一把扇子，两边的座椅通过中间的一个轴来调整角度，通过拆除或保留的做法，它所有的组成部分都可以通过反复利用来充分地满足奥运会赛时和赛后不同的使用要求。

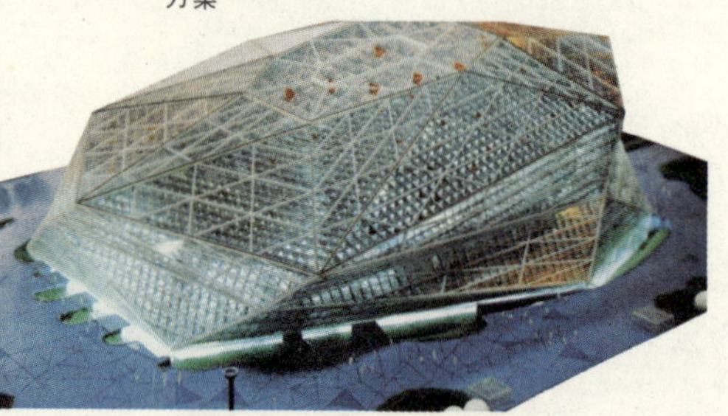

上海现代建筑设计（集团）有限公司的设计方案

日本川口卫构造设计事务所／高松伸建筑事务所联合体的设计方案

福斯特／奥雅纳联合体的设计方案

水立方夜景／摄影：杨冬江

在之后的方案评审中，水立方采用的ETFE薄膜受到评委会严重的质疑，一些专家甚至觉得使用ETFE薄膜来建造这样的重要建筑有欠稳妥、过于随意——这种软软的“塑料布”会不会不耐久、起皱、破损？此时水立方的命运已经到了命悬一线的关键时刻。

水立方的ETFE薄膜／摄影：杨冬江

首先，评委们最担心的是北京在进入夏季之后，有时会出现强对流的天气。在2005年5月，北京地区就曾出现过恶劣天气，鸡蛋大小的冰雹从天而降。随后，北京市气象台发布“冰雹橙色预警”。如果在奥运会期间有体积很大的冰雹袭击水立方时，ETFE外膜可以做到完好无损吗？在竞标现场，团队的设计师们给评委做起了模拟冰雹实验：两个重量为1公斤的钢球，分别从4米的空中自由落下。在重力加速度的作用下，它们的力量可以击碎普通建筑中常用的玻璃幕墙。而ETFE材料是有一定弹性的，在与钢球接触的一瞬间，它先受力，然后反弹，通过自身的振荡来消除强大的压力。由此可以证明，即使体积再大的冰雹也不会对水立方的表皮产生伤害。

除了恶劣的天气之外，评委们还担心塑料是易燃物体，在燃烧时会产生致命的有毒气体，同时还会有滚烫的黏液滴落。如果水立方内部发生火灾，观众们将如何面对危险？PTW设计团队给评委们展示了一份特殊的调查报告：1997年1月，悉尼某制衣厂发生火灾，消防部门迅速出动，仅在10分钟内就将火扑灭。但事后现场清理时，却发现7名工人因烟熏窒息死亡。大量的火灾统计数字表明，火灾伤亡大多数是烟气所致。设计师们保证这样的事情绝不会在水立方内发生。因为，ETFE的燃点非常高，通常它在270°；即使燃烧以后，也会局部自行溶解燃尽。

随着评审过程的逐步深入，水立方在绿色环保方面的优势更加突出地显现出来。由于它属于半透明的建筑，更容易吸收自然光，因此可以更好地调节场馆内的光线和温度。冬季靠阳光照射提高温度，夏季可以在双层结构引入通风系统，从而实现节能环保的目的。同时，工程师们在水立方的双层ETFE薄膜上镀上了密度不等的镀点，以控制透光度，调节阳光带来的热量。

ETFE薄膜上密度不等的镀点

水立方内景／摄影：杨冬江

水立方内景／摄影：石硕

这些镀点可以根据光线照射的角度，调节成适宜的密度和位置，以保证光线均衡地照射到场馆内部。

国家游泳馆全年用水量庞大，如何降低水消耗，减少废水排放，也是节能的一大关键。水立方通过良好的雨水收集，废水处理，实现了科学化的水循环系统。其中冷却塔补水、中水绿化等环节，都大大节省了水源。另外，水立方顶部4层膜厚的气枕保护以及2至3层的薄膜墙体结构，有效地防止了外界对室内比赛造成影响，起到了很好的隔声作用。

奥运场馆的赛后利用一直是一个世界性的难题，悉尼及雅典奥运会的游泳场馆就由于赛后较低的利用率，而导致每年需要付出大笔的维护费用。作为前车之鉴，PTW设计团队在设计之初就针对赛后场馆的利用进行了长远和务实的考虑。设计

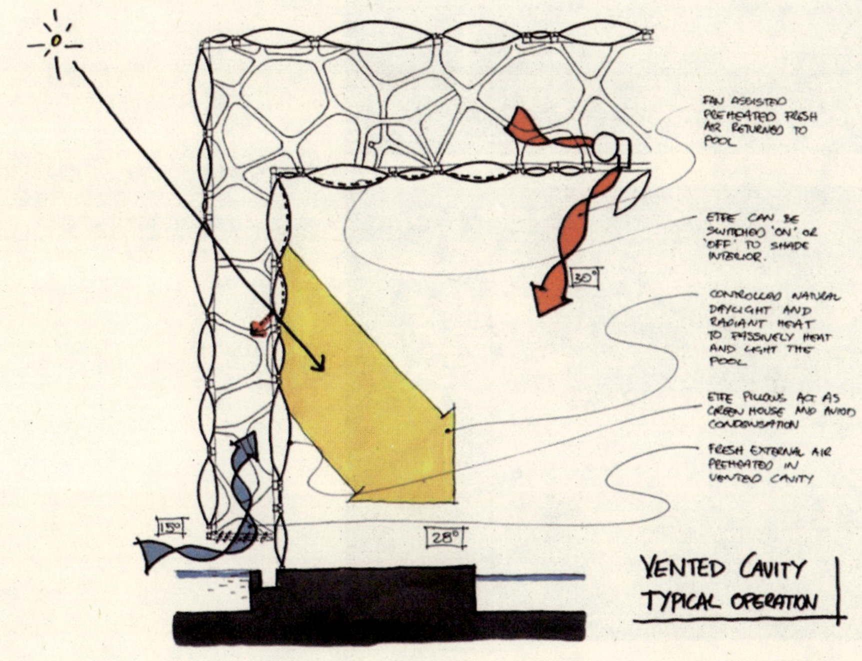

水立方光照及温度调节系统示意图

师们将休闲使用场地设计成五倍于赛场的规模，以提高赛后场馆的利用率。赛场内除设有9000个永久性座位外，还设计了8000个临时座位，这些临时座位在奥运会后将会被移开，这样空出来的场地就可以满足人们的休闲和健身等活动。奥运会后，水立方将被打造成为北京最为多功能的市民水上游乐中心，针对不同年龄层次的游客，形成包括人造冲浪海滩、娱乐健身等各种水上娱乐项目设施。

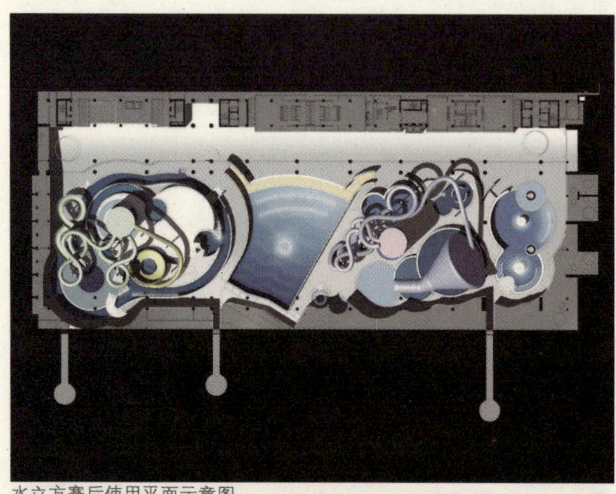

水立方赛后使用平面示意图

水立方与“鸟巢”

这些真实的数据与新颖的设计成为了最有力的武器。2003年7月29日，经过专家评审及公开展示等多个环节的审查，国家游泳中心的实施方案正式确定为方案竞赛的B04号，也就是PTW团队设计的水立方方案。评委们认为，它内敛的外形与形式感极强的鸟巢形成鲜明对比，二者不同的气质、不同的个性达到了完美的融合。

中国国家游泳中心水立方夜景

水立方室内设计方案

结语

在奥林匹克中心区，晶莹剔透的水立方宛如一曲蓝色的乐章，时而舒缓时而激扬，带给喜爱它的人们无尽的遐想。

曾几何时，在西方世界的眼中，中国曾经是个神秘的国度，我们不了解世界，世界也不了解我们。如今被推开的这扇门，缩短了彼此之间的距离，这段距离的跨越也许并不是轻而易举，但起码它让我们看清了彼此的水平和能力。

透过水立方，我们看到的是一条中外建筑师彼此的信任与尊重的合作之路，它代表着我们走向世界的必由之路，经由这条路，我们开始和这个世界紧密地联系在了一起。

文：杨冬江　习昆　宫静娜

约翰·贝尔蒙访谈

Interview with John Bilmon

时间：2008年7月6日／地点：中国北京

PTW建筑事务所董事约翰·贝尔蒙／摄影：习昆

Q：作为PTW建筑事务所的董事和亚洲区的主要负责人，您与您的团队共同见证了“水立方”从方案设计到施工完成的全过程，首先想请您介绍一下当初PTW是如何决定参与中国国家游泳中心方案竞标的？

A：PTW从成立到现在已有100多年的历史，我们最早与中国的合作可以追溯到20年前，我们在中国的第一个项目是深圳发展银行，这座建筑为当时的深圳树立现代化的城市形象起到过很好的推动作用。

PTW在运动场馆尤其是水上中心的设计方面非常富有经验，2000年悉尼奥运会水上中心就是由PTW设计完成的。另外，像澳大利亚新南威尔士的水上中心，雅典奥运会的很多临时场馆也都是出自于我们的设计。可以说，PTW与奥运会有一定的渊源，我们很愿意把我们的经验贡献给北京。

深圳发展银行

约翰·贝尔蒙在PTW北京办公室

Q：与中方合作团队的配合是否顺利？

A：这是一个学习过程，团队之间的成员互相学习，然后做到更好，这是一个非常有创造性的合作。当时中建国际派了三位建筑师来到悉尼，我们整个设计团队的工作氛围很好，大家相互之间的关系很平等，每个人都非常自由地贡献着自己的想法。在悉尼的办公室，大家主要的工作重点放在了建筑的造型上。建筑内部主要是用于比赛，由于之前做过很多运动场馆，所以它的内部空间对我们来说应该不是问题。我们希望建筑的外观能够与水有联系，因此很多构思都是围绕这一概念展开的，有的设计像海浪，有的像冰块，有的像泡泡。我们希望这座建筑首先应当深深地扎根于北京这块土壤，其次应当向世界充分展示现代建筑的科技含量。

水立方外立面局部／摄影：石硕

水立方的构思臆想

Q：是否可以评价一下中方设计团队的表现？

A：在开始设计三周之后，我们得到了“鸟巢”中标的消息。由于游泳中心与“鸟巢”相邻，这两座建筑的比例是完全不一样的，一个是很庞大的，一个是很精致的。“鸟巢”属于很强势的那种建筑，如何平衡二者之间的关系？我想中方团队最大的贡献是把中国传统的宇宙观，把“天圆地方”的理念带给了我们，这一理念改变了我们团队原有的设计走向，从寻找很强的形式开始向典雅和科技的方向发展，这也是为什么我们最后选择方形作为建筑的外观最为关键的一点。

■采访及图片整理：杨冬江

约翰·保林访谈

Interview with John Pauline

时间：2007年5月17日／地点：中国北京

PTW建筑事务所水立方项目代表约翰·保林

Q：目前水立方已进入到最后的施工验收阶段，作为PTW派驻北京的代表，我们首先想请您回顾一下方案设计过程中的一些情况？

A：这个建筑是关于水的建筑，我们的思路也始终是围绕着水来展开的。所以，当开始考虑这个设计竞赛的时候，我们想到的是一些比较直观的设计概念，其中比较突出的一个是将水的概念转化成水波浪。因此，我们最开始以水波浪为概念，进行了一些研究，生成了相应的建筑形式。当然，这也是我们在概念设计阶段众多方案中的一个。我们团队中的绝大部分都很喜欢这个方案，但也有人认为它存在着不能很

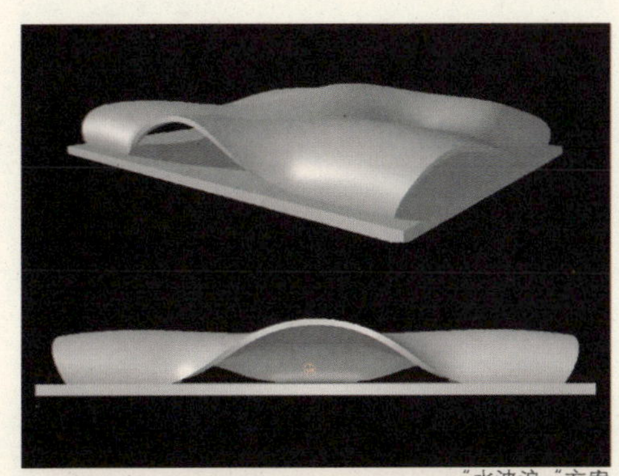

"水波浪"方案

水立方方案模型

好地满足室内观众坐席的需求等等方面的不足。这是一个竞赛，我们应该有不同的设计方案，当水波浪不是大家都满意的时候，我们就会再考虑其他的方案。

水立方是由PTW和中建国际以及ARUP（奥雅纳）共同合作完成的，属于我们共同的设计成果。方形的设计作为一个设计概念被提出过几次，之后又不断被重复提出。从西方文化的角度来看，我们认为方形过于简单，我们一开始考虑的是一些更加有机的形态。但是，当中方的建筑师给了我们一些更为详尽的信息，例如传统的中国庭院、传统的宫殿、紫禁城等都是以方形为基础建造的之后，我们觉得方形确实与中国传统的建筑语言有很深的渊源，这给了水立方一个很深的文化根基，我们接下来需要做的是如何使它以一种现代的方式呈现出来。

Q：接下来的工作又是怎样进行的呢？

A：我们想到了有机细胞的天然图案以及肥皂泡的形成，希望观众坐在建筑里面，能够体会到水的运动产生的各种形式，并由此产生一种身处水中流动的感觉。思路走到这一步时，所有设计师都非常激动。与此同时，结构工程师就建议我们用ETFE这种材料。当我们将形态和这种新颖的水泡状的材料结合起来考虑的时候，我们意识到这种结合是非常好的手法。

Q：当时对于采用ETFE这种材料是否有把握？

A：ETFE以前主要被用在轻型建筑上，但也不是很多。我们知道的有英国的伊甸园植物园，很多人在杂志上见到过关于它的金属光泽的表皮的照片，它是一种非常美丽的表皮材料。我们认识到我们要做的是一个游泳馆，游泳馆在实际应用中应该有非常专业的产品和材料，在泳池里要有非常先进的设备和良好的水中环境。ETFE的优点在于它不容易被磨损、腐蚀。更重要的是，我们需要一个非常透明的建筑，自然光能进入到室内，观众能够看清水下的选手。当把这些优点与我们的需要结合的时候，我们发现这种材料非常适合游泳馆，并且能制造很好的透明效果。综合起来，对我们设计的水立方来讲，它是非常理想的建筑表皮材料。

英国伊甸园植物园

Q：ETFE在防火以及耐久性等方面的表现如何？

A：这种材料确实会燃烧，但是它不属于易燃材料。当它被燃烧后，基本上会立刻在火中消解、熄灭，不会坠落，因此不会伤害到坐在下面的观众。这个材料寿命有30至40年，它可以维持很长一段时间。北京的气候不是很好，有沙尘暴，有扬尘等等，这些都是很大的挑战。尽管这种材料很薄，有弹性，但是这并不意味着它脆弱。实际上，只要不被恶意地钻孔或打洞，在理论上它可以非常耐久。

Q：在水立方的外立面，这种材料是如何被应用的呢？

A：当确定采用这种材料来表达泡泡的概念的时候，我们想到了采用拼贴的形式，觉得拼出来的图案一定是一个非常美的纹理。建筑师总是向结构工程师提出一些非

ETFE薄膜

常奇特的想法，而对于结构工程师来说把建筑师的这些想法变成现实确实是一项难度很大的挑战，结构工程师们做了许多关于水泡泡的数学分析。幸运的是，他们研究出了一种可行的方案。早在100多年前，卡尔文曾经提出如何采用最有效的方法将空间分割成两个相等的部分，使它们大小相等，并且使它们两者之间的接触部分最小。巧合的是，他的问题正是水泡之间如何连接的问题。就在10多年前，两位英国的物理学家提出了更合理的解决方案，它是ARUP的工程师们将水泡泡转化成三维电脑模型的母体。正是有了这个三维电脑模型，我们方案才真正得以深化执行。

Q：最近在北京出现的众多令人瞩目的建筑当中，水立方可以说是中方设计人员参与和介入较深的一个项目，我们也想请您来评价一下这次双方的合作？

A：我们这次有六、七位来自不同文化背景的建筑师和工程师，澳大利亚的、中国的，我们坐在一起，工作在一起，这种合作本身就令人兴奋。给我留下很深印象的是，我们对于建筑的交流已经超越了语言。中方设计师中有两位并不会说太多的英语，我们之间存在着非常非常多的语言障碍，以至最初我们都像是哑掉了一样。但是，这同时也留给了我们更多的空间去想象，来享受过程，去共同实现目标。在我的职业生涯中曾经设计过很多建筑，与很多建筑师有过接触与合作，但这次合作是一个神奇的过程，是一个令人难忘的经历。水立方代表了现代的建筑风格，但同时它又植根于中国传统美学，我认为水立方不仅在向传统致敬，同时也展示了未来。

Q：您是否愿意评价一下为迎接2008年奥运会，北京在体育场馆建设方面所作的准备?

A：我想，不单单是奥运场馆，北京其他的建筑也都体现了非常高的建筑水准和质量。我认为北京是值得骄傲的，有这么多享誉世界的建筑事务所前来竞标北京奥运场馆的设计。我们也很幸运能够参与到其中，尽管竞争非常的激烈，但我们最终赢得了游泳中心的竞赛，我敢肯定北京的奥运建筑会是有史以来最好的。

■采访及图片整理：杨冬江

■本章图片除署名外均由PTW建筑事务所提供

水立方／摄影：杨冬江

07

技术之美

诺曼·福斯特与首都机场T3航站楼

The Beauty of Technology

Norman Forster and Terminal 3 of Beijing Capital International Airport

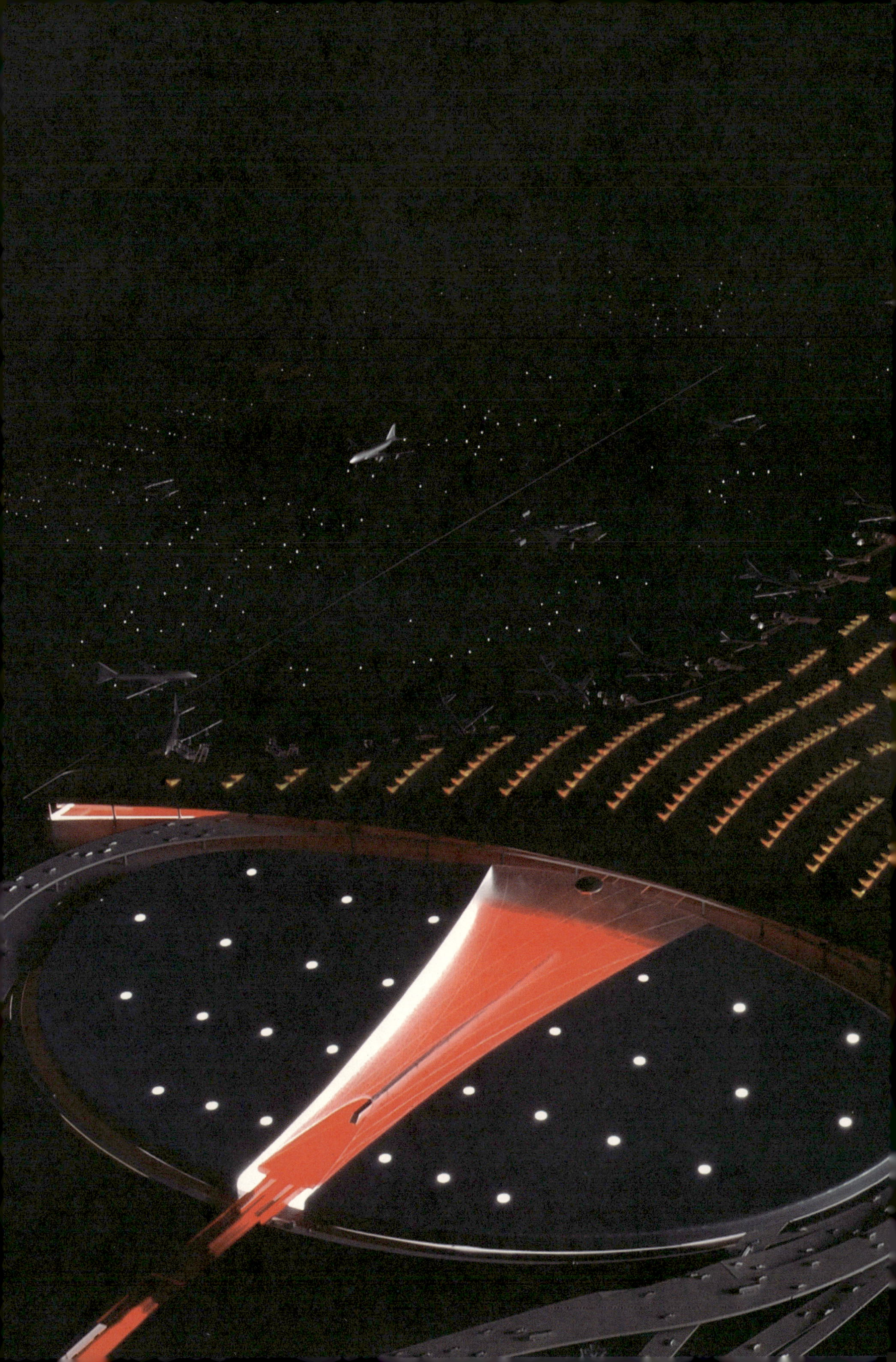

没有悬念的角逐

现代城市没有了城墙，大型交通枢纽成为了城市之门。首都国际机场就是中国的国门。这是通向世界的开放之门，也是象征中国经济起飞的效率之门，更是走向科技时代的高技术之门。

第29届夏季奥运会的申办成功为城市建设高速发展的北京注入了更加强劲的动力。仅2002年一年中，北京市政府就不得不为新改扩建的道路而5次修改地图。

作为中国国门的首都国际机场，也同样面临着巨大的考验。作为全亚洲最繁忙的机场之一，首都机场的旅客吞吐量正在以每年300万人次的速度增长，占据了全国总数的四分之一。1999年11月投入使用的T2航站楼，设计容量为每年2700万人次，但是仅过了三年，它就再次面临饱和状态。

2008年北京奥运会对于首都机场来说，将是一次更为严峻的考验。奥运会期间，机场的月高峰客运量将达到556万人次，而现有的机场容量，远不能满足如此庞大的人流。尽早拥有一个能更大规模承运旅客的机场枢纽，对中国而言，已是迫在眉睫。

2002年10月，中国正式对外宣布，在全球范围征集首都国际机场T3航站楼的建筑方案。

经过将近两个月的评选，福斯特事务所（Foster & Partners）与荷兰机场顾问公司（NACO）①和奥雅纳公司（ARUP）②所组成的联合体轻松击败了其他6家竞争对手，毫无争议的成为了这次竞赛的赢家。这个联合体可谓是强强联合：福斯特事务

---

①NACO成立于1949年，专攻机场设计，至今已有近60年的机场设计经验，参与了全球500个机场的开发建设，在机场规划、局部设计、技术要求以及施工监理等方面积累了相当丰富的经验。

②ARUP创立于1946年，目前已成为全球最大和最成功的国际性工程咨询公司之一，70多家常驻办事处遍及50多个国家，员工总数超过7000人。

所曾赢得55项国际性的设计竞赛，获得260个建筑奖项，福斯特本人更是普利茨克奖获得者；荷兰机场顾问公司是当今机场建设方面首屈一指的顾问公司；而奥雅纳则是最成功的国际建筑工程咨询公司。

福斯特为首都机场T3航站楼所作的设计，就如同一条东方巨龙：大型交通中心仿佛就是巨龙口中吐出的明珠，3公里长的候机楼像是龙身，屋顶上的三角形天窗则是片片龙鳞，而龙脊是连绵起伏的屋顶，龙爪就是登机桥，周边四通八达的交通网则更像龙须，这一方案几乎使所有的人眼前为之一亮。

诺曼·福斯特／摄影：杨冬江

贵族设计师

诺曼·福斯特出生于英国曼彻斯特一个蓝领工薪阶层的家庭。学业成绩并不是非常优秀的他在十六岁时离开了学校，在当地的财政部门谋得了一个小小的文员职位。直到二十岁时，他才被曼彻斯特大学的建筑系录取，但他的设计才能很快就得到了认可。随后，他获得了亨利奖学金并到耶鲁大学继续深造。当他获得美国建筑师学会金奖时，他曾不无幽默地描述着他自己的经历："在英国，我属于那种成功率很低的人：工人阶级的孩子，辍学的中学生，能在大学里念书却表现平平的本科生，我似乎只是一个局外人……"但也正是这样一位来自普通家庭背景的建筑师，凭借其过人的设计才华最终成为了一名贵族建筑师：福斯特在1990年被英国女王册封为骑士，而在1999年更获封泰晤士河畔领地的终身爵士（Lord of Thames Bank）。此后，他便成为建筑界里少有的贵族，大家都尊称其为Lord Foster。

在建筑设计领域，人们对他的学术定位有很多种版本，有人认为福斯特是现代主义建筑大师，认为他为现代主义重新赢回了美誉——在不放弃现代主义原则的前提下，让建筑有了更为鲜活的形象和更为丰富的内涵；有人认为他是高技派的代表人物，因为他的建筑总有一种让人生畏的精准美和结构美；有人认为他是一个绿色建筑的先锋，因为他在设计时对建筑运营成本和能源消耗都给予了极大的关注；有人认为他是一个世界性建筑的制造者，这不仅因为他的建筑遍及全球，而且他的建筑具有相当大的普适性，既融合了当地的本土元素又带着一种难以抗拒的国际风格。

英国大英博物馆改建

以可持续角度来看待福斯特的建筑作品，我们不难发现，他不仅是一位优秀的建筑师，也是一个负责任的好“市民”，因为他总是要求其设计的建筑能耗、运营成本最低化。从结构上来看，他强调建筑的轻盈化、装配的标准化，这些理念确保了建筑的安全性同时也使建筑可以快速建成。而从造型上，与其他强调个人表现、概念先锋的建筑师相比，他的建筑有一种意料之内却又超乎想象的简洁美。

伦敦的瑞士再保险总部大厦

直面挑战

2003年11月，远在伦敦事务所的诺曼·福斯特得到了一个令他振奋不已的好消息：由于他的竞标方案无人匹敌，他无可争议地成为了未来世界上最大单体航站楼的总设计师。创办了世界最大的建筑事务所之一，拥有建筑界顶尖设计团队的诺曼·福斯特，很快成为了中国关注的焦点。尽管世界著名的伦敦斯坦迪德机场和中国香港国际机场都出自他的手笔，但是这位具有丰富的机场设计经验的著名设计师，却将面临一次前所未有的挑战。

北京机场无论以何种标准来审视，都是非常巨大的。它是这个地球上尺度最大的建筑物，它相当于希思罗所有已建成的机场和未建成的航站楼屋顶的总和。

我们希望能够营造出一种诗意的体验。①

建造一个科技含量很高的现代化大型枢纽机场，决非易事。早在设计方案之初，福斯特就遇到了一个无法回避的问题：首都机场是在原有的规模上进行扩建，场地和条件都受到很大的限制。在招标方提供的扩建规划图中，新航站楼的位置只能是两条跑道之间，宽度仅有1500米。这就意味着，他只能利用这块狭长地带来发挥自己的想象力了。

为了最大限度地利用有限的空间，让航站楼的两侧尽可能多地停靠飞机，争取更多的停机位，福斯特为T3航站楼设计了一种Y字形的平面布局。

早在十二年前香港国际机场的设计中，福斯特就曾采用过这种Y字形的布局方式。这

①摘自本书作者2007年对诺曼·福斯特的专访。

种航站楼的造型简洁流畅、方向感明确，而且能够停靠更多的飞机。然而，福斯特也发现，虽然这样设计能解决停机位的问题，但眼下他要设计的是一个比香港机场大得多的航站楼。如果从一侧降落的飞机要在另一侧起飞的话，将会绕一个约有四公里的大圈。几经考虑，他巧妙地改变了最初的想法，将新航站楼的首尾两部分设计成对称的Y字形状，而中间则用两条飞机滑行道将整座机场划分为三个功能区。尽管在空间上它们彼此分离，但是却采用了统一的屋面，整个航站楼的格局仍然是一个完整的统一体。

首都机场T3航站楼模型

尽管福斯特曾经用他的智慧创造了建筑界的一个又一个奇迹，但充满野心的他仍然不断地表示，希望自己的作品能够更高、更大。而首都机场新航站楼工程所提供的历史性机遇，将使他的设计有望刷新自己以往的任何记录。

福斯特设计的首都国际机场T3航站楼是目前世界上最大的有盖建筑，屋面长达3250米，宽785米；屋顶以三角形为基本元素并且采用轻型结构，这让巨大的屋檐不至于显得单调乏味和过于笨重；而其屋檐覆盖之下的空间将是世界上最为繁忙的空港——人们将搭乘捷运车穿梭于航站楼的不同空间，航站楼将有175部扶梯，173部升降机和437部自动人行步道，预计到2020年，每年将有5500万人在中国这个重要的空港穿梭往来。

在以功能合理为前提的同时，福斯特还在投标方案中打出了一张王牌——他强调了

首都机场T3航站楼工地

自身设计与中国文化的紧密关系：从结构上，屋顶的结构采用标准模件，这与中国古代建筑惯用的营造方法——标准模数法达到了高度的一致；从形式上，这个庞大的结构最终以古老的龙形呈现在国人面前，大家都惊异于它特别的形式和肌理，但这种形式不是建筑师强加于建筑体上的，而是基于20世纪现代飞行乘坐流程的一种崭新方式，这种形体的方向性让使用者不容易迷失在这个大结构体中并且有利于飞机的起降和使用；从细节上，屋顶上有如巨龙鳞片似的天窗，这些天窗可谓是整个建筑的点睛之笔，它开启的大小、开启的高度和开启的朝向都经过了科学的研究和仔细的推敲，大大节约了机场人工照明所耗费的能源。屋顶天窗朝东南开启，在温煦的早晨，忙碌的出行者可以舒适地伴着阳光享用早餐，而在炎热的午后，天窗又有效阻止了过高的太阳热量。

如果你从高空中俯视北京T3航站楼，它有着鳞片般的肌理，看起来非常像一条龙，但不是以一种人们熟知的形式出现的，它是基于20世纪飞行方式的现实塑造出来的。①

完成了优美的曲面屋顶造型之后，福斯特在航站楼正立面的挑檐设计上，改变了以往人们只注重防雨功能的思路，出人意料地设计出一个巨大的月牙形挑檐。它的总长度超过了700米，覆盖整个航站楼的正立面，挑檐伸出的距离达到50米，而且完全是悬挑，没有任何支撑。

在施工之前，福斯特就和结构工程师们做了大量的抗风实验，从理论上论证了这种挑檐结构的合理性。经过严密测算后，施工过程采用了计算机空间定位的方式来进行精确的安装。这种方法最终排除了可能引起挑檐变形、塌陷的不安全因素。

年逾七旬的福斯特一生都酷爱飞行，在他看来，飞行就是一种升华，一种奇妙的人生体验。他认为机场应当致力于让人们感受到飞行的乐趣和旅途的美好，他把自己对于飞行的理解，融进了他的机场设计当中。

在高空，你有一个更为宽大的画面，准确来说就是一个更为广阔的视野。如果你在进行飞机场的设计，你假设自己是一个飞行员，你需要使用飞机场，这种假设是非常有趣的，它让你有更为深入的洞察力，让作为设计师的你有另一种思考方式。②

---

①②摘自本书作者2007年对诺曼·福斯特的专访。

人民的宫殿

福斯特就如何为中国而设计有着自己独到的见解。

*T3航站楼是一个谦虚、谨慎的方案，体现着中国文化的内涵。而不是从某个地方飞来的、空降的东西。*①

福斯特为自己的这个设计起了一个中国味道很浓的名字——人民的宫殿。

*这个想法是为了突出它是集体的、包容的，同时它又是尊贵的，它应该很适合去形容一个重要城市的进出空港。我希望使用者能感觉到这是一个专门为北京而设计的机场，它带有强烈的本土色彩，但也将受益于我们的国际经验。*②

在他的方案中，新航站楼的屋顶呈金黄色，四周由巨大的红色立柱来支撑。这种大胆的色调搭配，立刻让人联想起北京的皇家宫殿——紫禁城。

就机场而言，一种雄伟的表现方式可能并不是它的全部。福斯特对机场的室内设计同样给予了极大的重视。T3航站楼的室内区别于绝大部分机场所采用的冷色调，而是主要以红色和橘黄为基调，通过白色饰板加以分

①②摘自本书作者2007年对诺曼·福斯特的专访。

首都机场T3航站楼候机厅/摄影：杨冬江

割，使颜色若隐若现，让室内呈现一种温和而典雅的氛围。这两种颜色的运用也对巨大的屋顶进行了标识性分区，竖线条的分割也让其有比较明确的方向性和导向性。由色彩渐变呈现出的层次起伏，产生了云霞一般的震撼效果，仿佛使人置身于宫殿之中。他认为这里将会成为一座人民的宫殿，一个新时代的殿堂，一个让人鼓舞的地方，但同时它又要使存在其中的个体感到舒适。所以，从根本上来说，它必定会为使用者提供一个友善和好客的经历。

技术之美

技术是人类智慧的结晶，是发展的坚实基础。技术为了功用，同时，它也是美的。福斯特的建筑实践诠释了技术的应用之道。

以往的许多航站楼，都像一个封闭的方盒子，所有的管道和照明设备都在头顶，会使人产生压抑的感觉。而四周的墙壁和隔断不仅显得非常拥挤，也使很多出行的乘客很难看到飞机的起落，这是讲究人本主义的福斯特所不能容忍的。

*我希望我们设计的机场能够和外界存在一定的联系，让身在其中的人总能知道自己在哪里。而自然光恰能加强这种感受。如果外面阳光明媚，你能感觉到；如果外面阴雨连绵，你也同样能感受到。你和外部的世界有着紧密的联系。*①

为了保证乘客的视线不受任何阻挡，福斯特不仅为首都机场新航站楼设计了大面积的玻璃幕墙，而且他的这种幕墙更有别于传统。它被安装成一个向外倾斜的15度夹角，夹角的形成使得乘客不会被玻璃上反射出的大厅内部的影像所干扰。而高达2.3米的大块玻璃，也将使旅客对眼前的景色一览无余。

事实上，福斯特这种人与自然融为一体的设计理念，并不仅仅体现在他的机场建筑上。早在1979年，他就把这一理念运用在了香港汇丰银行大厦的设计中。他将大厦的首层设计为完全开放的公共广场，与户外的皇后广场连为一体。人们可以在视野开阔的大厅里，北望海港，南眺太平山。这座耗资十亿美元，当时全球最昂贵、最具创意的建筑，奠定了福斯特在世界建筑界的大师地位。

---

①摘自本书作者2007年对诺曼·福斯特的专访。

首都机场T3航站楼候机厅／摄影：杨冬江

在首都机场T3航站楼的设计中，福斯特又将这种理念进行了拓展。他希望来这里的乘客不仅能随时与外面的世界保持互动，同时也能感受到巨大的内部空间所营造的恢弘气势。

在一般的常规建筑中，每隔一段距离就会出现纵向的墙壁，而首都机场新航站楼的内部，除了36米间距的支撑钢柱以外，没有多余的构件与屋顶连接。所有功能区之间的隔断都是玻璃墙，整个建筑从地面到屋顶形成了一个连续的空间，视野开阔，没有任何压抑和拥挤的感觉。为了将平时隐藏在墙面里的凌乱的管线处理得不露痕迹，福斯特利用了支撑整个建筑结构的巨大钢管柱，所有的设备管道都被巧妙地藏在了里面。如今，当人们在大厅中感受这些巨大的立柱所带来的震撼效果时，谁也不会想到，当初在建造这种数十米高、重达百吨的梭形钢管柱时，还要在其内部完成复杂的管线安装，其施工难度是建筑史上少有的。

*这些结构钢柱造型非常优美，能够达到如此高的建造标准，给我留下了深刻的印象。*①

作为当今建筑界高技派的领军人物，福斯特最擅长的就是运用高科技手段来节约能源。1997年，在位于伦敦的瑞士再保险总部大厦的设计中，他把这座高180米的大厦，设计成了流线形的螺旋造型，这样不但保证了楼内的良好自然通风，同时又使建筑体最大限度地利用了自然光线，由于减少了对制冷、供暖和照明系统的依赖，它的能耗只有传统办公楼的百分之五十。

在T3航站楼，福斯特再次打出了节能牌。航站楼的屋顶被设计出155个朝向东南的天窗，这样既可以吸收大量的日光，又能够避免西晒。而带有曲面弧度的屋顶又可以

---

①摘自本书作者2007年对诺曼·福斯特的专访。

将光线营造得层层叠叠，这种交织错落的光效，使人们如同置身于森林之中。更为巧妙的是，从天空俯瞰，屋顶上这些突出的天窗，又仿佛是龙身上的鳞片，这与整个航站楼设计中龙的主题造型恰好不谋而合。

*机场设计应当更多地考虑能源以及可持续发展问题，如果你尽可能多的利用自然光，你就可以减少对人工能源的依赖。当所有航站楼共处一个屋顶时，从能源可持续方面来说，又将会是一个更为负责任的设计。*①

对于航站楼的流线设计，福斯特同样有着极为丰富的经验。他认为，真正的创意来自于人对建筑的理解，建筑本身必须满足人的使用需求，尤其像机场这样的大型公共建筑。在伦敦斯坦迪德机场的建造中，他曾采用过一种极为简洁的方式：将所有的设备和行李传送系统都安排在了地下，地上部分则是宽敞明亮的大厅，里面没有任何阻隔。旅客从办理手续到登机都处在同一个楼层，线路直接、过程流畅。尽管T3航站楼的体量巨大，但福斯特设计的整体结构却并不复杂，从南到北，分区明确。屋顶华美的金属网架下面，刻意安装的白色格栅吊顶，所有的线条都是南北走向，形成了一个天然的指示系统。

今天，很多高科技建筑，虽然在外观上并没有明显的特征，有些甚至还其貌不扬，但是它们的

①摘自本书作者2007年对诺曼·福斯特的专访。

内部却包含了非常复杂的科技含量。在首都机场新航站楼这样一个体现了世界最新科技成就的大型建筑中，作为一个经验丰富的设计师，福斯特对于这样两个数字始终十分关注：一个是2.5分钟；另一个是7米。这两个数字所代表的，就是他为新航站楼设计的两大高科技亮点。

在新航站楼中，国内区和国际区之间的距离，大约为3公里。为了使乘客在很短时间内，轻松跨越如此长的距离，福斯特将国际上通用的捷运系统首次引入了这里。乘坐国际航班的旅客下机后，只需花费2.5分钟就能到达行李提取处；与此同时，乘客的行李也正在以每秒7米的速度，在占地12万平方米的地下高速传送系统上飞奔，到达提取转盘也只需4.5分钟。这就意味着，旅客无需再为等候行李而耗费更多的时间。

在中国传统文化中，绵长的龙须象征着吉祥，代表了尊贵。T3航站楼共有五根绵长的龙须：三条高速公路、一条轻轨和一条普通公路。为了让这条东方巨龙更加具有神韵，福斯特给龙口设计了一颗巨大的明珠，这就是大型交通中心。乘客出入机场的这个集散地，不仅可以停放一万辆机动车，它还连接着通往机场的全部道路。由东直门出发的轻轨列车，抵达这里只需要18分钟。旅客无论选择怎样的交通方式，都能够直接到达航站楼前。

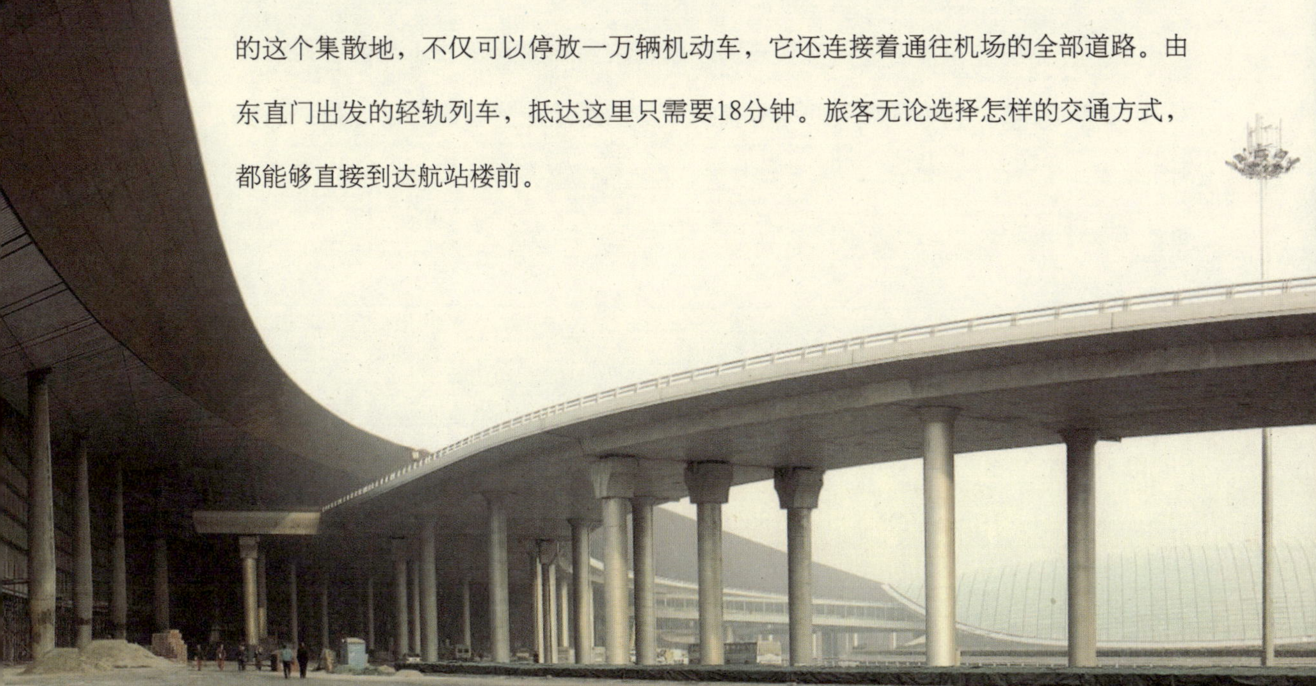

结语

与国家大剧院的竞标风云、“鸟巢”的院士联名上书、CCTV的专家论证和20万网民积极讨论相比，作为规模和重要性相当的北京首都国际机场显然没有那么多的“花边”新闻和争议。与众多设计任务书的要求一样，北京首都国际机场T3航站楼也被寄予希望能够成为北京标志性的建筑，成为游客和来访者看到的第一个首都地标。就在大家对“标志性建筑”听得多少有些厌烦并且对其性价比产生极度质疑的时候，福斯特却通过首都机场T3航站楼的设计给出了自己的诠释，一种更为深沉和更为含蓄的诠释，它没有夸张的形体、绚丽的颜色和过多的装饰，但它的确做到了标志性——一种尊重自然、尊重本土文化的沉稳美，技术是对文化传统的继承和发展，而不是隔绝和割裂。它的美就在旅客便捷的行程中，在舒适的感受中，甚或不经意的一瞥中，阳光在柱间摇曳，飞机在窗外起起落落。

中国需要什么样的建筑，什么样的建筑才能在中国建成，最后还是要看大家认同什么样的建筑，在建筑大师们熙熙攘攘于中国土地上争着回答什么是“地标性”和“中国特色”的喧哗中，福斯特长者般的沉静回答，的确有些意味深长。

文：何夏昀　杨冬江　郑英伟

诺曼·福斯特访谈

Interview with Norman Forster

时间：2007年6月28日／地点：英国伦敦

Q：听说您非常喜欢飞行，而且还设计了很多飞机模型。

A：是的，我是非常喜欢飞行。

Q：这与您曾经在皇家空军服役有关吗？

A：不，并没有太大的关系，这种喜好是在我生命中稍晚的时候才出现的。我有一段时间对飞机非常感兴趣。我喜欢各种各样的飞机，无论是重型飞机还是轻型飞机我都喜欢。飞机同样教会你一样东西，就是你必须得尊重自然的力量。而建筑其实也是一样。在高空，你有一个更为宽大的画面，准确来说，就是一个更为广阔的视野。如果你在进行飞机场的设计，你假设自己是一个飞行员，你需要使用飞机场，这种假设是非常有趣的，它让你有更为深入的洞察力，让作为设计师的你有另一种思考方式。我们可以更详细的讨论这种换位思考的方式。

Q：我们很愿意听到您详细的阐述。

A：举例来说，飞行是一个非常令人激动的经历，但从诸多方面考虑，很多飞机场并不能回应这种情感需求。它应该让你感觉到舒适和感觉到被这个环境所欢迎，你在这个机场中应该能够感受到飞机的存在。当我们在设计机场的时候，有一件事情对于我们来说是至关重要的，由于机场的规模大多数都是非常巨大，时间效率总是机场设计的最大难题，你需要标识和图形去指引你登上飞机，但事实上你在这个过程中又看不到飞机，感觉和机场又是分离的，我认为这个过程就和虚拟世界的经历类似。所以，我们希望设计的机场应该和外界存在一定的联系，让身处其中的人总能知道自己在哪里。而自然光恰能加强这种感受。如果外面天气阴暗，你能感觉到，如果外面阳光明媚，你也能感觉到，如果外面阴雨连绵，你也同样能感受到；你和外部的世界有着紧密的联系。

还有一部分就是和旅行体验有关，机场就好比一个城市的大门，当你来到或离开这个机场的时候，这个机场应该能告诉你一些关于这个国家的故事。同样，机场还和能源、可持续发展有关，如果你尽可能多地利用自然光，你就可以减少对人工能源的依赖。因此，所有的这些理念汇集到一起才有了我们的设计。

Q：您对于机场设计的阐述非常深刻，下面您能否具体谈一下有关首都机场T3航站楼的设计？

A：在这个城市发展的重要历史时期来设计飞机场，为了迎接奥运，但又不单纯仅仅为了奥运服务，这对于我和我的建筑事务所都非常具有挑战。首先，该如何调用这个国家和城市的自然特性，当你一旦来到这个机场，你就知道你来到了一个非常特别的地方，而不至于将北京和伦敦、纽约搞混了。这与建筑在高空所被俯瞰到的形式，它的细部处理，尤其是颜色的选择有着密切的关系。所以，那个非常具有特点的红，非常中国的红，那个会随着距离和高度变化成金色的红，非常适合北京这个地方。如果你从高空中俯视北京T3航站楼，它有着鳞片般的肌理，看起来非常像一条龙，但并不是以一种让人熟知的形式出现，它是基于20世纪飞行方式的现实塑造出来的。而这种新形式存在着建筑符号学的不稳定性和切实性，它唤醒了这个地方的灵魂，所以，总的来说，这是一个为北京量身打造的项目。

Q：您是有意将这个建筑设计成龙的造型的吗，还是说这只是基于功能分析后所产生的一种巧合？

A：我认为这是对飞机及乘客的人员流线进行分析后产生的，是自然而然的结果。作为设计师，你的确有能力去影响建筑的形态。但在这个项目中，我们并不是特意把它设计成龙形的。我们希望我们的设计最有利于飞机的起降和乘客的使用，我们控制屋顶的细节以使它看起来更为轻巧一些，我们选用了一种能够使屋顶成为一个完形的颜色，这三个设计原则的同时运用，最后以这种形式出现，这是非常有趣的。

Q：与您设计的其他机场项目比较，首都机场T3航站楼都有哪些不同之处呢？

A：这是一个专门为北京设计的机场，从这个角度来说，这是非常具有中国本土特色的，但同时它又受益于我们的全球性经验。每次我们设计机场，我们都会学到更多与机场有关的知识，因此我们有能力将我们的设计经验运用到下一个设计中。因此

首都机场T3航站楼出港大厅 / 摄影：杨冬江

你可以清楚地看见我们从伦敦希思罗机场到北京机场的设计演变，我的意思是，北京机场无论以何种标准来审视，都是非常巨大的。它是这个地球上尺度最大的建筑物，而且真正被予以实施并建造出来。它相当于希思罗所有已建成和未建成的航站楼屋顶的总和，也就是希思罗5个航站楼的总和，将会有50000人在这里工作，每星期7天，每天24小时。所以，后勤人员的组织也成为一个技术问题。这个建筑有一些基本元素，举例来说，那些外立面的结构钢柱，它们有着优美的造型，就像雪茄被抽出来一样。世界上很少地区可以完成这样的造型工艺。我想，这是因为中国与航海造船工程有非常紧密的联系。这些结构钢柱造型

首都机场T3航站楼工地现场

非常优美，能够达到如此高的建造标准，给我留下了深刻的印象。

Q：在设计新航站楼的过程中，是否存在一些前所未有的挑战？

A：最大的挑战在于我们必须应付如此之大的尺度，这是一个将会成为人民宫殿的地方，一个新时代的殿堂，一个让人鼓舞的地方，但同时它又要使身在其中的个体感到舒适。所以，从根本上来说，它必须为使用者提供一个友善的、好客的经历，比如说，当你迷失在如此之大的一个建筑里，你不知道自己在哪里，而这个空间又让你感觉到不舒适，这将会是很糟糕的事情。因此，对于我们来说，最大的挑战是将尺度如此之大的空间转换为一系列的空间，一个空间的序列，你可以看见室外，可以看见飞机，可以看到外面的自然景色。这个建筑会响应季节变换、昼夜更替中的自然光变化。从这种认识出发，我们希望能够营造出一种诗意的体验。

Q：您提到了“人民宫殿”，请问这个名字是如何得来的呢？

A：这个概念是为了突出它是集体的，同时它又是高贵的，它应该很适合去形容一个重要城市的进出空港。

它的面积实在是太大了，它是五、六个独立航站楼的集合体。因此在能源可持续这个议题上，从能源消耗以及交通便捷方面考虑，航站楼之间应该使用轨道交通，因为这样可以让旅客对在航站楼内穿梭有更好的体验。这是一个非常大的项目，它背后有一个非常大的团队，有很多人为同一目标付出努力。我们的合作者里还包括北京市建筑设计研究院，他们在整个项目中充当着非常重要的角色，他们是非常出色

福斯特与助手

的合作者，是一支非常良好的队伍素质非常高的设计团队，非常灵活也非常年轻，平均年龄只有32岁。他们那里有上千人在工作，你要知道，这意味着他们之间的年龄有着几代人的差距。

Q：面对如此庞大和复杂的项目，您是如何组织和协调的？

A：机场的建成需要来自不同学科的人共同完成，这是一个非常复杂的系统，负责安全监管的、建筑结构的、暖通系统的、机场后勤的，还有就是机场以何种方式与整个城市公共交通衔接等，来自如此宽泛领域的人组成了这个团队，他们有着不同的技能、专长和个性，因此，要将这些不同领域的人联合在一起，结合成一个紧密的整体，是非常具有挑战性的。

Q：当您与您的团队一起工作时，您是如何使自己的理念得以贯彻的？

A：我认为最重要是责任感，一起朝着共同的既定目标奋斗。从建成的质量、细节以

福斯特事务所／摄影：杨冬江

及空间感上都做到最好，并且要按工作进度、在限定的预算下完成，我强调他们必须遵守以上所提及的每一个方面。

Q：您在设计过程中，为何经常强调集体的力量？请您简要地介绍一下这次机场项目的团队？

A：我认为整个设计过程中很好地体现了我们的集体智慧和工作经验。在这些人当中，像我自己，已经领导这个事务所40年了，那些稍晚加入公司的同事也都有30年的工作经验。另外，事务所还有一批年轻的成员，他们作为团队的一分子，都在机场项目的设计过程中学习，得到了锻炼与提高。同时，在与北京市建筑设计研究院的合作中，我们共同分享和承担项目的领导权。

Q：在首都机场T3航站楼的设计中哪些是您认为比较满意的亮点？过程中发生的哪些事情使您印象深刻？

A：我认为自然光的运用方式是最为独特的，这种处理方式非常微妙，它让可见光进入的同时又阻挡了太阳的热量，我认为这是一个很有趣的方式。更重要的是它的尺度，从来没有任何人将机场建设到这样大的一个尺度，也不仅仅是机场，没有任何一个建筑规模如此之大，并且必须在很短时间内完成，这是非常有挑战性的。所以当我们在2003年11月份得到设计委托后，我们的设计团队在12月份就开始投入工作：我们在12月份签订了设计合同，在1月份将正式的设计图纸交付给中方，然后在3月份带着2000张施工图纸前往施工现场。

Q：您如何看待与中方合作的这段经历？

A：这是一个非常好的经历。我对这个项目的高效组织、执行方式、不同承包商的合作印象很深。不同承包商就像一个公司里的人一样，如果一个承包公司提前完成了任务，就会和另一个进度稍慢的承包公司联合起来一起工作。我认为这种合作精神让人非常难忘，一种很强烈的帮助他人的愿望，为的是共同实现这个巨大、复杂的工程。这是竞争与合作的有趣平衡。

Q：在T3航站楼的施工过程中，您的一些设计细节可能没有完全实现或被局部修改，您如何看待这类事情的发生？

A：我想这是所有项目的现实情况。你的设计希望能够被很好地贯彻，但又必须有一定的设计余量，设计本身应该可以随着项目建设的推进而进行相应的深化。你必须与承包商有直接的接触，不同的承包商会给你提供不同的修改建议，你可以觉得这

是设计实现里非常有意思的过程，因为你可以看到不同的实现设计的方法。我认为这是普遍存在于各个项目中的。

Q：您介意您的设计方案被修改吗？

A：我一点也不介意，事实上，我非常享受这个互动过程。因为在这个互动过程中，你可以与那些真正建造建筑的人接触，有了改善你自己设计的可能性。我认为这是我们设计哲学的重要部分。我知道有大多数人认为我们的职责只是在这里，在这个事务所里，画图或创作设计方案，而由其他人去实现我们的建筑。在我们这里，你会发现我们的团队会带着安全帽、穿着黄背心和大靴子出入工地，直接参与到施工的整个过程，哪怕只有建筑的一小部分还在施工，我们也会继续留在工地工作。所以，我认为最重要的是对待问题的态度，作为建筑师，你应该进入到设计的过程中，深入到设计的细节里。

Q：在您的设计作品中，被人们所熟知的大多都是诸如首都机场、温布利球场、瑞士再保险银行或米约大桥等这些超大型的项目，那么这是否意味着只有超大型的设计项目对您才更具有挑战性呢？

A：不，我并不这样看待这个问题。可能是因为首都机场是一个非常引人注目的项目，另外就是我们完成的每个大型项目都引起了大家的兴趣。但其实我们有许多非常小的项目在进行设计，而且每个项目对于我们来说都同等重要。你可以去看看我们办公室尽头的公共栏，那里有许多规模较小的学校设计，有在英国的，有在其他国家的。你还会看见许多住宅设计项目，以及我们进行的家具设计和照明设计。所以，我们的设计范围其实非常广，规模也是有大有小。我经常和我的同事说，尽管我们在不同的设计规模里得到了很多的启发和激励，但无论你的建筑如何大，最后人们还是需要去接触这个建筑里的细节，他们还是需要坐在椅子上的。因此，无论建筑再大也必须与人关联，而这种关联是基于他们的需求之上的，并且以一种非常亲密的方式发生。

Q：您对中国经济和城市建设高速发展有何看法？是否可以给出一些您的具体建议呢？

A：我认为这种情况在任何一个国家和城市正在经历经济大变化时都会出现，过去与现在的区别仅在于其变化的速度，现在的速度是越来越快了，之前欧洲需要200年

实现的事情现在可能只需要20年。这种衡量方式听上去比较抽象，我可以告诉你如何具体地去比较，以希思罗机场为例，希思罗经过50年的发展才有了现在的规模，而中国只用了5年就比希思罗机场大了很多倍。我认为这是一个挑战，中国正在经历一个高速城市化的过程，那么，哪个城市可以作为中国的参照物呢？是那种对历史极为敏感的城市吗？以高密度的欧洲为例，我们不难发现欧洲的发展是有缺陷的，当人们重新觉得散步和骑自行车是如此有趣的时候，却发现没有足够的空间了。相反，以北美为例，那里密度虽然较低，但却是一个极度依赖汽车的地方，它消耗了大量的土地去发展他们的公路系统，这种模式也是不可取的。因此，究竟中国应该向哪个方向发展呢？我的建议是，当中国这个长期使用自行车的国度变得越来越依赖汽车的时候，应该从其他国家那些不可持续发展的失败案例中吸取教训，因为还有其他案例值得参考，他们将有更为乐观的未来。例如，我们最近在米兰做的一个扩建工程，叫做Santa Julia，那是一个密度很大的地方，但它同时拥有充足的绿化、公共空间、混合性景观和良好的公共交通，同时又是很适合骑自行车的地方。我认为这是一个很有意思的讨论。我从中国也看到了很好的趋势，你可以

看到越来越多好的建筑作品，而中国也慢慢开始认识到哪些才是真正有创造性的。我认为这是件非常令人兴奋的事情，因为你们可以从这些有才华的设计师中获得最好的未来。

Q：有些人认为，建筑师是一群有能力改变世界的人，您是如何看待这个观点的?

A：这是一个非常有趣的矛盾体。建筑师其实只有拥护某种理念的权利，我可以告诉你我觉得城市应该是怎样的，我可以告诉你机场应该是怎样的，我可以告诉你我认为它应该是怎样的，我还可以举例说明这些模式在某个城市非常成功和有效，这个被引用的建筑案例是行得通的，我可以做一些调研也可以对未来趋势做一个预测，等等。但是，最终我是无能为力的。我完全没有能力去执行这些理念。作为一个建筑师，我只能去提倡和传播某个我认为对的观点，所以，从这个层面上你可以看出建筑师的无奈。你知道，尽管我的公司有着上千名员工在这里、在世界各地，他们来自不同的国家，他们说着多达20种不同的语言，但到头来，只有当我们的想法、我们的设计通过我们的沟通传达给业主、评审委员会和公众，并得到他们的认同时，我们的想法、我们的设计才算是成功的。

Q：在当前中国建设高速发展的时期，越来越多的大型项目都请境外设计师设计，举例来说，保罗·安德鲁设计的国家大剧院；雷姆·库哈斯设计的中央电视台新台址；扎哈·哈迪德的广州歌剧院以及一系列著名的体育建筑如水立方，国家体育场等等，您是如何看待这种趋势的呢？

A：这不是中国独有的趋势。如果你抽取城市历史中的某一个点来看，就像圣彼得堡，它的形成是富有才华的俄罗斯设计师、意大利设计师、法国设计师、苏格兰设计师的共同结晶。在纽约，那些最为人熟知的建筑，很多都是由欧洲的建筑师设计的，我认为这是一个非常强的历史传统，当城市经历完变化和改造后，那里将会是富有才华的人的乐土，不仅仅是那些大楼的设计师，还包括那些大楼的建造者。我认为北京机场还有一点是非常值得我们关注的，整个建造除了行李输送系统——这是一个高度专业化的系统，其余任何存在于这个建筑里的物品都是由中国制造的。

Q：有些人认为您的建筑是艺术与技术的完美结合，您如何看待这一评价？

A：我认为这个评价是比较全面的。它（福斯特的建筑）的确是技术与艺术的融合，它应该对自然非常的敏感，它应该敏锐捕捉每个特定场所的精神，它应该是一种全球性的思考又是一种地域性的操作，但这必须以丰富的经验积累和全球意识及敏感度为前提。

Q：在您若大的事务所中，您没有一间固定的办公室，对吗？

A：是的，我是一个非常机动的人。所以我在这个办公室和其他办公室都会来回走动。这很像是大学的校园，这就是这个事务所的模式，如果你喜欢的话，你会觉得它更像一个建筑的学校，而这里会每天24小时、每周7天永远对你开放。

■采访及图片整理：杨冬江

■本章图片除署名外均由福斯特建筑事务所提供

福斯特事务所／摄影：杨冬江

08

“未建成”大师

从中央美术学院美术馆到证大喜玛拉雅艺术中心

Master of the Unbuilt

From the Museum of the Central Academy of Fine Arts to the Zendai Himalayan Art Center

同其他来自于西方的建筑大师相比，日本建筑师矶崎新对中国当代建筑的影响可谓独树一帜。作为一位建筑界的思想者，他正以不同寻常的观念介入到中国建设的事务当中。虽然他的已建成作品早已遍布世界各地并落户中国，但是真正使他扬名的却是他那些无法建成的建筑，可以说，他在用观念书写着建筑历史中属于他自己的独特篇章。

矶崎新 / 摄影：杨冬江

建筑界的思想者

1931年7月17日，矶崎新出生于日本九州岛的大分市。虽然从小生活在一个与艺术无关的普通家庭，但高中毕业时看到的一幅绘画作品却激发了他的绘画兴趣，从此便一发不可收，他这时的理想是成为一名画家。当时，西方现代主义风行日本，他的绘画习作中明显地呈现出了一种西方现代艺术的痕迹。1950年，即将进入大学的矶崎新又对工程学发生了兴趣，为了不离开艺术而又能够学习工程，他选择了可以二者兼顾的日本东京大学建筑学专业。

1961年，完成了博士课程的矶崎新进入了著名的丹下健三设计事务所，虽然丹下健三贵为日本最有影响力的现代主义建筑泰斗，但矶崎新所学到和看到的却仍不能满足他对建筑理想的狂热探求，同时因为丹下先生的工作逐渐向海外转移，两年后，矶崎新选择了离开，并于同年创建了自己的设计事务所。自此几十年，矶崎新以他敏锐的洞察力和超前的建筑思想，逐步走上国际建筑设计的舞台，并成为现代主义建筑向后现代过渡过程中极具代表性的思想者、推动者和实践者。

在矶崎新至今40余年的建筑生涯当中，他贡献给建筑界和社会更多的是他的观念和思想而非实体。在他的建筑字典里，建筑的观念远比建筑实体重要。因为在矶崎新看来，这一刻看似无坚不摧的建筑，在下一刻将会以这样或那样的形式成为废墟、走向灭亡，而只有观念才是永恒的。于是，我们可以看到活跃在各个思潮中的矶崎新：20世纪60年代，他成为“新陈代谢主义”阵营中的代表人物；60年代末；他又与“新陈代谢主义”保持距离，开始反思在新的状态下建筑和社会的发展可能；从70年代中期开始，他成为后现代主义建筑思潮和实践的主力之一，虽然他对自己被认为是“后现代主义中坚”表示很不满意，但正是他让福柯、德里达等后现代理论家重新“发现”了东方的建筑和艺术。

矶崎新的设计自始至终难以被任何一种“主义”标签所定义，因为他的建筑里融合了多方面的影响，其作品很难以一刀切式的方式来断定，他兼取东西方文化理念，将文化因素表现为一种诗意的隐喻，体现了传统文化与现代生活的结合。矶崎新的作品多为大型公共建筑，设计风格尤以创新著称。矶崎新积极提倡反现代主义，他的建筑是在对现代建筑的辩证的基础上产生的，他的作品以各种形式的倒置和重构为依据，抛弃了现代建筑中的一些经典构图原则，抛弃了空间的连续、形式的完整，代之以不均匀的空间、肢解和不完整形式、骨架结构的降格、各分段部分的不连续性和不调和性及即兴装饰等手法。

除了观念以外，矶崎新最常被提起的就是他的个人表现和他的装置以及著作。比起那些正统的建筑师，他在建筑界是十分另类和醒目的。

在20世纪60年代，日本正受披头士的影响，我那时也很嬉皮，穿得都像他们：裤子

矶崎新

*长长的，头发像爆炸一样。打扮得很醒目，给人的印象就是经常换领带，好像家里有1000根领带似的。*①

他认为一般的建筑师更接近技术方面的专家，他本人则偏向于艺术家，而他结交的大多数朋友也都是来自时尚、文学、电影、音乐等领域的艺术家。

也许正是因为广泛游走于各个艺术领域，矶崎新对装置艺术这种媒介颇为着迷。而他也是第一个把建筑和日本当代艺术，包括平面设计、摄影、室内设计等多种艺术门类结合起来进行创作的艺术家。1968年，矶崎新通过拼贴和多媒体完成了他最为著名的装置作品《电气迷宫》。这个表现广岛灾难的启示性作品，马上在米兰三年展上引起了轰动。而当时“文化革命”正以各种形式席卷全球，“官方展览”这一制度本身遭到了学生团体的反对。矶崎新毫不犹豫地签名加入他们，赞成他们占据展厅，捣毁自己的作品，于是这个装置艺术立即“前卫”地转换成为行为艺术的一部分。

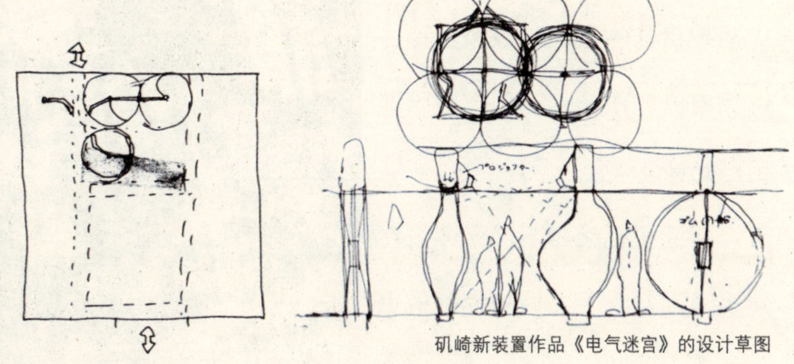

矶崎新装置作品《电气迷宫》的设计草图

①矶崎新：反建筑史才是真正的建筑史。外滩画报。2006年01月04日。

矶崎新的各类论著同样思想深邃且耐人寻味。在他的著作《未建成/反建筑史》中，矶崎新从上世纪60年代的“空中城市”、70年代的“电脑城市”、80年代的“虚体城市”到90年代的“蜃楼城市”展开描述，敏锐地感知和捕捉着社会的现代化、网络化和全球化趋势，他以“空想”方案介入，试图为人类勾画一个更为美好的未来。他的写作并不是为了絮絮叨叨地说教，而更像是一部小说，浪漫随性地勾勒着建筑的轮廓，娓娓地把枯燥的设计哲学慢慢道来，他还喜欢通过著作阐释自己的建筑观点和理论并解读自己的作品，在创作中印证自己的建筑理念。

矶崎新的敏锐触角不仅仅停留在建筑方面，对于人才的发掘他也

空中城市　电脑城市

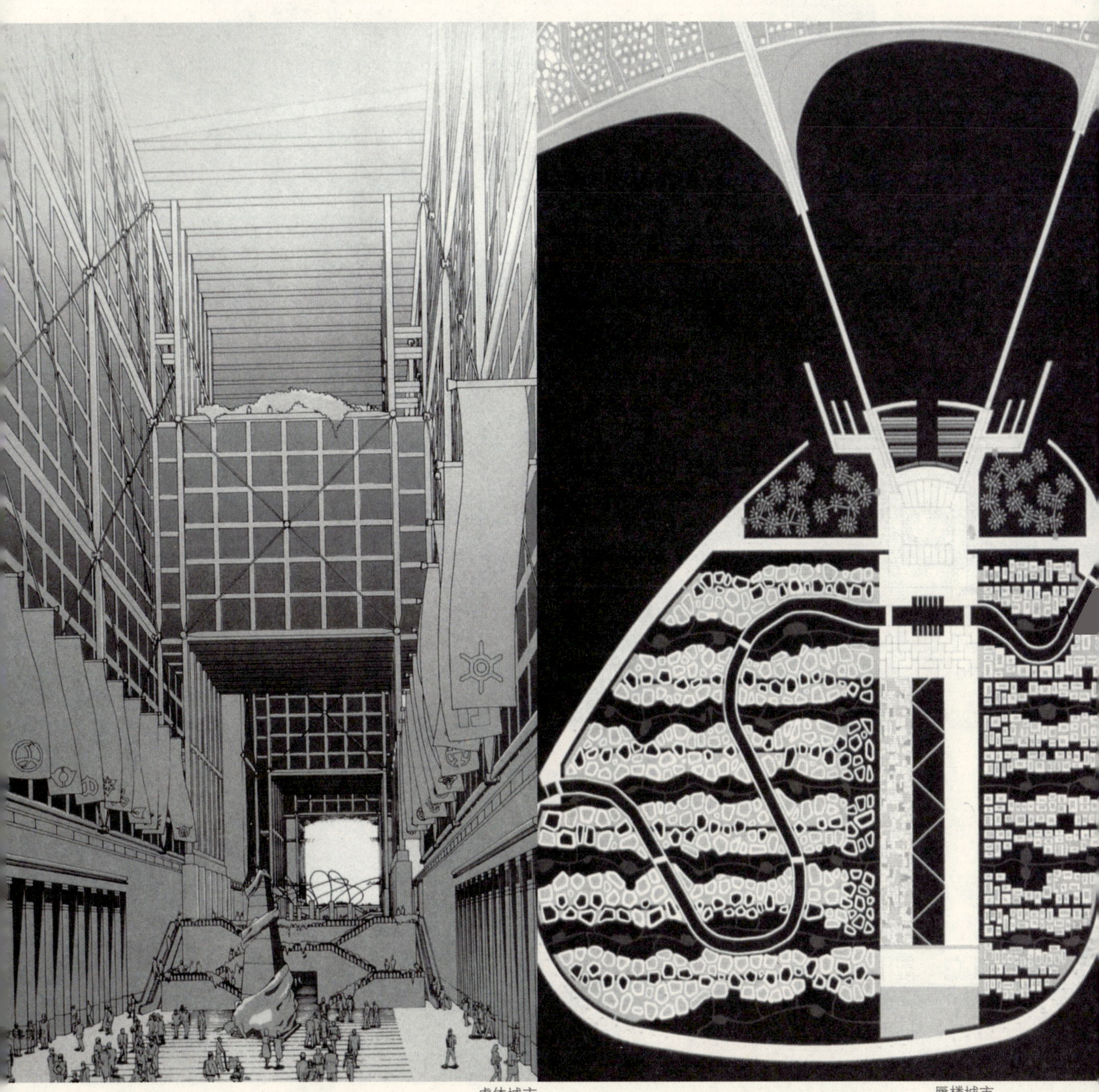

虚体城市

蜃楼城市

矶崎新与他的学生／摄影：杨冬江

同样表现出过人的判断能力，他就像一个建筑和艺术界的伯乐，只要身边有千里马经过，他立刻就能识别出来。在1982年香港举行的国际建筑竞赛上，由于他的独具慧眼，使扎哈的方案从初审淘汰的名单中起死回生，并一跃获得首奖，扎哈从此名声远扬，改变了日后的发展道路。在日本，当前建筑界颇富盛名的阪茂、青木淳、高松伸以及六角鬼丈等著名建筑师都曾供职于矶崎新的设计事务所。

关于矶崎新与三宅一生的友谊更是被人们传为佳话。当时，矶崎新的邻居三宅一生还只是一名默默无闻的服装设计师，但矶崎新一直看好他的才华，相信他一定会在服装界脱颖而出。在上世纪嬉皮与反战运动风行的时期，建筑师为了表示职业的严谨态度，装束都是以西装领带为主，而只有矶崎新一人穿着三宅一生设计的没有领子的衬衫，甚至在大家都西装笔挺地出席日本建筑学会颁奖典礼时，他也依旧我行我素，此举立刻成为了报纸的头版头条。1978年，矶崎新设计了一座叫“黑屋”的房间，里面设置了舞台，陈列了日本艺术家四谷制作的许多木偶，并为这些木偶向三宅一生订做了衣服。也正是因为那次展览，使三宅一生有机会登上了巴黎的舞台。

“心”的勾勒

2007年11月，中央美术学院美术馆在北京落成，这个在北京市民眼中外形犹如一只穿山甲的奇怪建筑，与周边的环境形成了强烈的对比，显得格外前卫、新奇，人们不由得对它的设计者产生了浓厚的兴趣。当这个充满个性的建筑在媒体上亮相后，大多数中国人第一次知道了设计者的名字，他就是早已闻名世界的建筑大师矶崎新。而那些对他的传奇经历早有所闻的同行们，也终于在北京得以近距离地看到他的建筑作品。

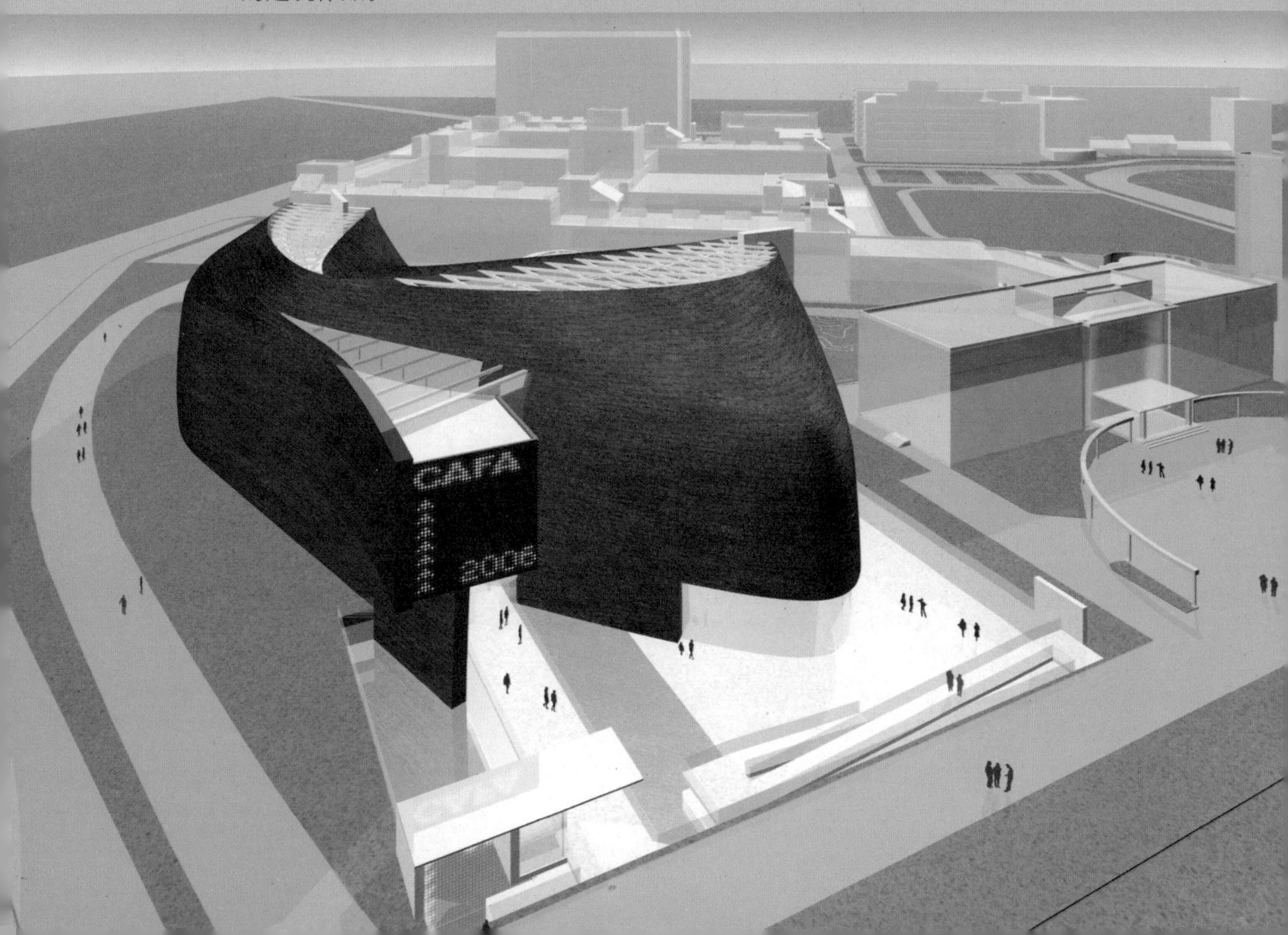

中央美术学院美术馆／摄影：周岚

日本奈良百年会馆/摄影：杨冬江

这座建筑就像一幅随意勾勒出的草图，灰绿色石材构成的建筑外墙呈现出了犹如船壳体一般的曲面，这种充满想象力的艺术风格，使人们很容易联想起矶崎新早期的那些著名的未建成方案。作为一位享有盛名的艺术家，矶崎新的“未建成”理论对当代前卫艺术曾产生了巨大的影响。然而，使他闻名天下的，不仅仅是那些惊世骇俗的观念设计，这位从业四十多年的建筑大师，还有很多足以写入世界当代建筑史的已建成建筑。早在中央美术学院美术馆建成9年前，矶崎新就为日本的古都奈良设计了一座具有同样风格的前卫建筑，这件作品彰显出的是他那种特立独行的特点，古老的奈良也正是通过这件作品和现代时空产生了对接。

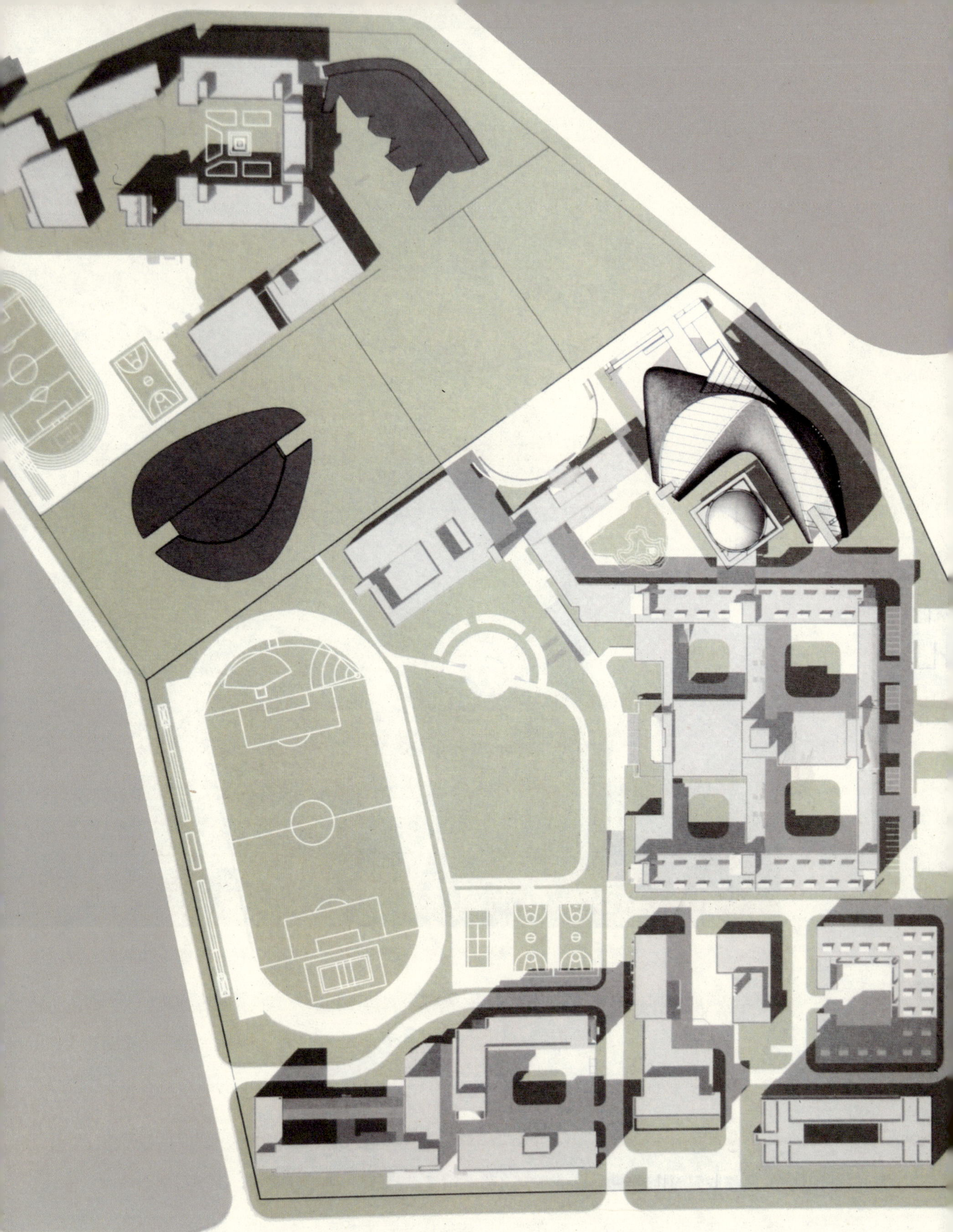

中央美术学院总平面图

中央美术学院美术馆立面图

中央美术学院新校区于2001年9月落成，它以沉稳的深灰色调以及院落式的布局营造出富含底蕴的艺术教育氛围。在接手美术馆的设计任务后，摆在矶崎新面前的难题主要有两个方面。首先，方案既要体现中央美术学院面向世界、面向未来的独特气质，又要和校园整体的氛围相协调；其次，美术馆的用地并不开阔，它紧邻雕塑陈列馆，在有限的建筑面积和高度条件控制之下，美术馆还要承载复杂的功能：面向城市的开放性空间、多种不同的展陈方式、确保安全并恒温恒湿的画库，以及机电、人防、消防等等。

虽然这个设计项目具有一定难度，但这对于美术馆、博物馆设计有着极为丰富经验的矶崎新来讲却是完全可以胜任的。美国洛杉矶近代美术馆、德国慕尼黑近代美术馆等，都是他的得意之作。而在日本国内，矶崎新的作品更是尤其丰富，其中以日本茨城县的水户艺术馆堪称其代表作。水户艺术馆是集剧场、音乐厅、现代美术馆和会议厅为一体的低层连续的建筑群。它分别由不同的柏拉图式几何体构成各种功能设施以及周围的景观，对柏拉图在《泰米亚斯》中记述的组成自然界的四大要素“火、土、气、水”做了诠释。一百米高的水户市百年纪念塔好比“火”垂直而上；现代美术馆具有灵活性和流动性的展示空间是“气”；正方形的广场代表了“土”；“水”则在广场一侧悬吊有重二十吨天然石材的喷水池处得到完美体现。

日本水户市百年纪念塔／摄影：杨冬江

中央美术学院美术馆室内设计方案

2003年，矶崎新满怀信心地将美术馆的设计方案送交到了中央美术学院。在矶崎新的设计方案中，美术馆微微扭转的三维曲面体虚实相映。建筑的实墙与通透玻璃的组合与取舍完全是根据展陈条件来决定，需要光照的公共空间就是以玻璃为主体，需要封闭的展场以实墙来围护。在这个连贯的形态中，通过强调次序与分割，形成了三种类型的入口：公共、服务和运输。

在构思方案的过程中，我画了很多张草图，画到最后我发现它的中心像是一个汉字中的“心”字。围绕这一构思，最后采用了三个表面弯曲的外壳和一个天窗作为主要的元素。②

①摘自本书作者2007年对矶崎新进行的专访。

中央美院美术馆在外观形态上巧妙地融合在所处环境之中，并提升了整个建筑群的活力和形象。更重要的是美术馆不仅“金玉其外”，而且高度的“表里如一”：美术馆内部将使用具有国际水准的展览设备，力求从展陈空间环境和功能上达到国际交流与展览互换的条件。在落成的那一刻，中央美院美术馆便跨入中国一流美术馆的行列之中。

中央美术学院美术馆／摄影：周岚

矶崎新／摄影：杨冬江

“林”与“书”

2002年，西班牙《世界报》发表文章，将中国的上海列为目前全球建造摩天楼最多的城市。然而，正当大多数上海市民为此自豪的时候，矶崎新却针对上海这些高耸入云的摩登建筑发表了措辞严厉的批评。他认为上海有建筑但没有艺术，在造型设计方面，上海更是个胆小的巨人。在2002年上海双年展“都市营造”国际论坛上，矶崎新在众多国际媒体面前，公开批评了上海的当代建筑。在他看来，上海建筑的现状是由于人们对曼哈顿和拉斯韦加斯这些大都会过于钟爱。因为有这样的趣味，所以造成中国目前以固定的几种模式建造城市，只有除去这些趣味，中国才有希望。

短短几年过后，这个曾经激烈抨击上海大众审美品味，素以“未建成”而著称的建筑大师重又回到了上海，这次他要用自己的建筑实践来证明，几年前他的言论并非纸上谈兵，他要给上海人民献上一座大型的文化艺术综合体——证大喜马拉雅艺术中心。

2001年，上海证大集团在浦东的方甸路和梅花路路口购置了一块建设用地，由于对当代艺术一直比较关注，他们打算利用这块地皮尝试修建一处文化设施。按照当时的建设标准和成本预算，如果要建造一座占地面积达到两万八千多平方米并且具备完善展览功能的单体艺术馆，大概需要投资几亿元人民币。由于之前投资的九间堂别墅以及证大艺术馆等项目在业界取得了良好的口碑，证大集团将在浦东建造文化

喜玛拉雅艺术中心设计方案

艺术中心的消息立刻吸引了多位国际知名建筑师的兴趣，这其中就包括矶崎新。

矶崎新很快就拿出了他的设计方案：整个建筑由两个立方体与一种类似于“丛林”的异形体结构。两个简洁明快的立方体分别是文化酒店与办公空间，立方体下方以镂空的汉字作为装饰；不规则的“丛林”结构中包含美术馆与演艺中心，三维曲面的委婉变化对应了人的视线和尺度；“丛林”间则是开放的城市文化广场，并结合地下商业设置了下沉广场作为公众活动的聚集点。设计中最值得仔细玩味的便是喜马拉雅艺术中心的“天书”部分和“丛林”结构。

矶崎新阐述他对汉字的理解／摄影：杨冬江

汉字从12世纪时候开始进入日本，现在日本人在学校学到的中国汉字都是传统繁体字。

*我对中国文化的理解和认识源于一个汉字“耀”。“耀”字的左侧是“光”，右上方是“羽”，右下方是“佳”，不同语义的汉字在这里组成了具有另外一个深邃含义的文字。建筑也是如此，把不同的功能用不同的形式表现，最后形成的是一个具有全新含义的建筑。*①

在矶崎新的设计中，喜玛拉雅艺术中心两栋塔楼裙房的墙面正是采用了汉字形式，

①摘自本书作者2007年对矶崎新进行的专访。

矶崎新的概念构思

并且大量参考了中国当代艺术家徐冰的“天书”字体 。“天书”是徐冰独创的“新英文书法”，它结合了英文的符号和汉字的结构。阅读顺序是从左到右，从上到下，从外到里。

*徐冰的文字是一种创新——看上去是汉字但又并非汉字。它们是没有含义的汉字，但同时让不具备含义的东西成为有含义的东西，这种过程或者思维方式在我看来是非常重要的。*①

①摘自本书作者2007年对矶崎新进行的专访。

喜玛拉雅艺术中心正立面图

喜玛拉雅艺术中心设计方案

如果“天书”只能算是喜马拉雅艺术中心的一部分表皮，只是在“丛林”的基础上生长出来的衍生品，那么“丛林”结构则是喜马拉雅的核心和支柱。“丛林”的部分是由33根高度为45米的异形结构组成，每一根柱子都有不同的伸展分支，给人感觉像是置身于在巨大的金属丛林中。在矶崎新的理念中，他一直认为建筑也是自然界的一部分。在古代，工匠们发明的榫、卯、三角形以及梯形结构，是当时人们发现的最符合自然规律的建筑结构方式，所以有些古建可以屹立数千年之久。今天人们虽然凭借强大的科学技术建造出更多的建筑奇观，但是这些高科技也让一些人开始淡忘自然界中那些恒定的规律。于是，矶崎新开始怀疑这些建筑是否也能屹立上千年？所以，矶崎新在设计喜玛拉雅艺术中心时做出了一个大胆的尝试，“林”的部分是计算机考虑受力、美学、与自然规律等条件后，不加人为干涉自然衍生出的结构。在设计“丛林”结构的过程中，矶崎新只是告诉操作计算机的助手，“林”的面积有多大、“林”需要支撑的重量是多少，以及“林”与地面的支点数量。然后，关于“林”的所有造型都由计算机根据自然力学规律衍生出来。

如果用一个简单的例子来说明就是：在一个森林里面设计一个作品，我需要两棵树，一棵是松树，一棵是藤。这棵藤如果是我手绘的话，我只有给它加入很多支

喜玛拉雅艺术中心设计方案

*架我才能保证它的稳固并控制它的方向。但是，如果我不给它做支架，那么它就会自己攀爬，它自己需要找一个自己可以站稳的形式，然后任由它自己怎么爬，最后爬到松树的顶端。这时，一种全新的、我们难以想象和预测的形式出现了。解释到建筑上也一样，只给它空间大小的要求，结构的要求，还有给它一个承重的要求，然后让计算机来计算，所出现的结果其实是很有趣的。受力大的地方比较粗，而受力小的地方则比较细，这样做的话所得出的结果应当是最完美的结构。*①

从整个喜玛拉雅艺术中心的施工情况来看，最具挑战性的部分也正是这些外形酷似树干的仿生流体结构。“丛林”的部分是由异形流体结构柱组成，每一根柱子、每一个面的大小和角度都不相同，在结构上存在高位转换层。针对结构复杂、建筑造型独特的流体结构，工程师们采取了结构托换、切片定位的技术分段特制，通过预先制作的模板进行加工。另外，为了使异形体部分的金属表皮达到满意的效果，施工方在实体上做了多种材料的大样比较才最终确定。

在设计方案中，“丛林”被设计成公共的文化广场，矶崎新用那些巨大的自然蜿蜒的金属枝干来提醒人们正在享受建筑带来的快乐，他希望喜马拉雅艺术中心的“丛林”可以屹立上千年，甚至更远……

---

①摘自本书作者2007年对矶崎新进行的专访。

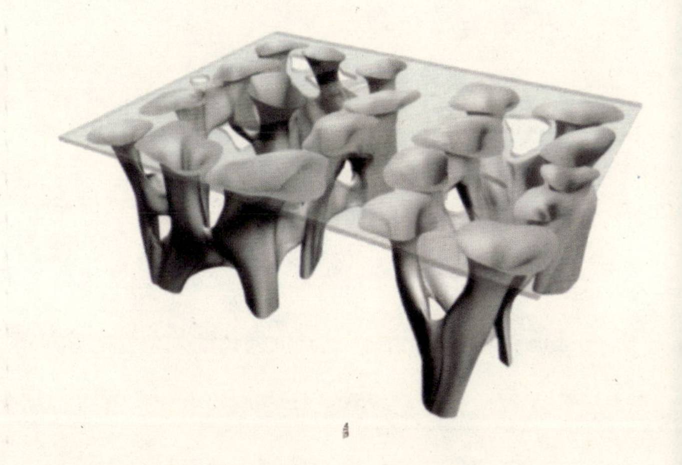

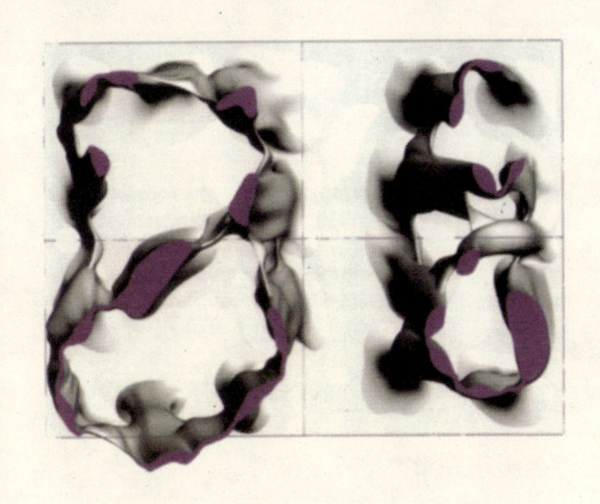

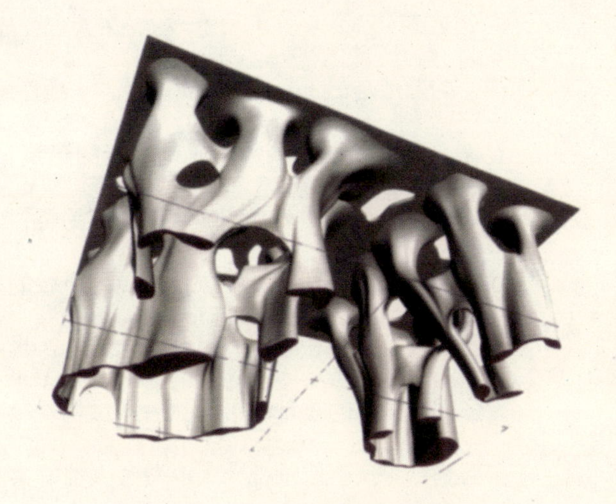

计算机生成的“丛林”结构

将前卫进行到底

矶崎新一贯保持着前卫的创新态度，虽已年近八旬，但从未停止对前卫建筑思想追求的步伐。也许有人认为矶崎新的建筑风格是不连贯的，但有一点他却始终如一，他一直将自己看作是一位极具批判个性的建筑师。

*我对建筑一直持有一种批判的态度，同时对现状也持一种批判的态度，或者说是对一些通俗的东西进行批判，并同时在这个过程中找到另外一种解决方法。我这个批判的态度从小到现在都没有改变过的，是一贯的。另外，就是对建筑进行革命性的改变的愿望是长久的，这种革命性的东西在我的职业生涯中间也是一贯的。*①

也许正是这种批判精神，让矶崎新的建筑一直有一种走在前面的“前卫性”。当然，这种前卫也常被视作建筑界的“另类”，因为矶崎新的许多行为不能用建筑设计程序的常态去理解。就像他为福冈所做的申奥规划设计，他试图用一种非建筑的手段去实现规划和建筑。矶崎新认为，20世纪的奥运会模式是基本固定的，选择的大多都是国家的首都城市，然后通过构筑一个主体育场和系列的配套设施举办这场盛会，而每次新选址都大大浪费了人类的共同资源，也严重影响到举办城市的正常生活。21世纪的新一轮奥运会则不应再局限于首都或者一个城市，要强调区域概念，综合利用资源。因此，矶崎新为福冈申奥提出一个“环东亚奥运圈”的概念设计，他希望通过一艘名为“辉夜姬”（Kaguya Hime）②的大游轮，将东海周边的城市资源综合利用起来，而这个“大奥林匹克计划”是一个包括日本、韩国、中国

---

①摘自本书作者2007年对矶崎新进行的专访。

②辉夜姬是日本古代传说中的月亮女神。对日本人来说，“辉夜姬”是他们从孩童时代就熟识的人物形象，类似于中国的嫦娥。她的文学形象代表着日本人对于沉静、机智、蔑视权贵的品质的歌颂，希望通过这个“月亮公主”告诉孩童们什么是美、丑、虚幻和永生。矶崎新在这里使用“辉夜姬”的名称似乎别有用意，因为在日本国内与福冈竞争奥运申办权的是东京，东京被认为在政治地位和经济实力上远远优胜于福冈。

辉夜姬（Kaguya Hime）游轮

FUKUOKA
30km
20km
10km
There would be no disruption of existing urban activities

环东海各城市

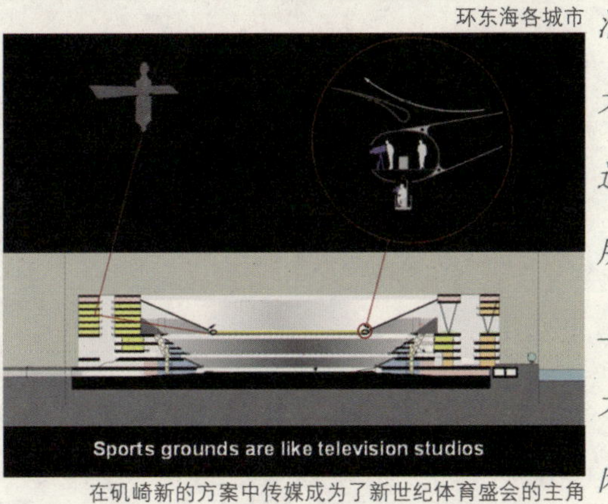

在矶崎新的方案中传媒成为了新世纪体育盛会的主角

在内的整体设想，其中主要包括仁川、釜山、青岛、大连、上海、台北、厦门等城市，而福冈只是以奥运事件的主要发生地的角色出现。矶崎新描绘了一个颇具乌托邦色彩的海上盛会：*奥运场馆和主要服务设施均位于海边，码头上停泊着海上出租车式的环东海各城市的巨大油轮“辉夜姬”——它不仅是一个交通工具，也是运动员注册、住宿的场所，当然还包括媒体和观光中心，而岸上的“大兴土木的永久建筑”因此可以大大减少，避免了难以维护，而赛后被闲置成为“废墟”的命运。*①

①参见：李攀，矶崎新：先锋不老。21世纪商业评论。2007年第5期，P112-116。

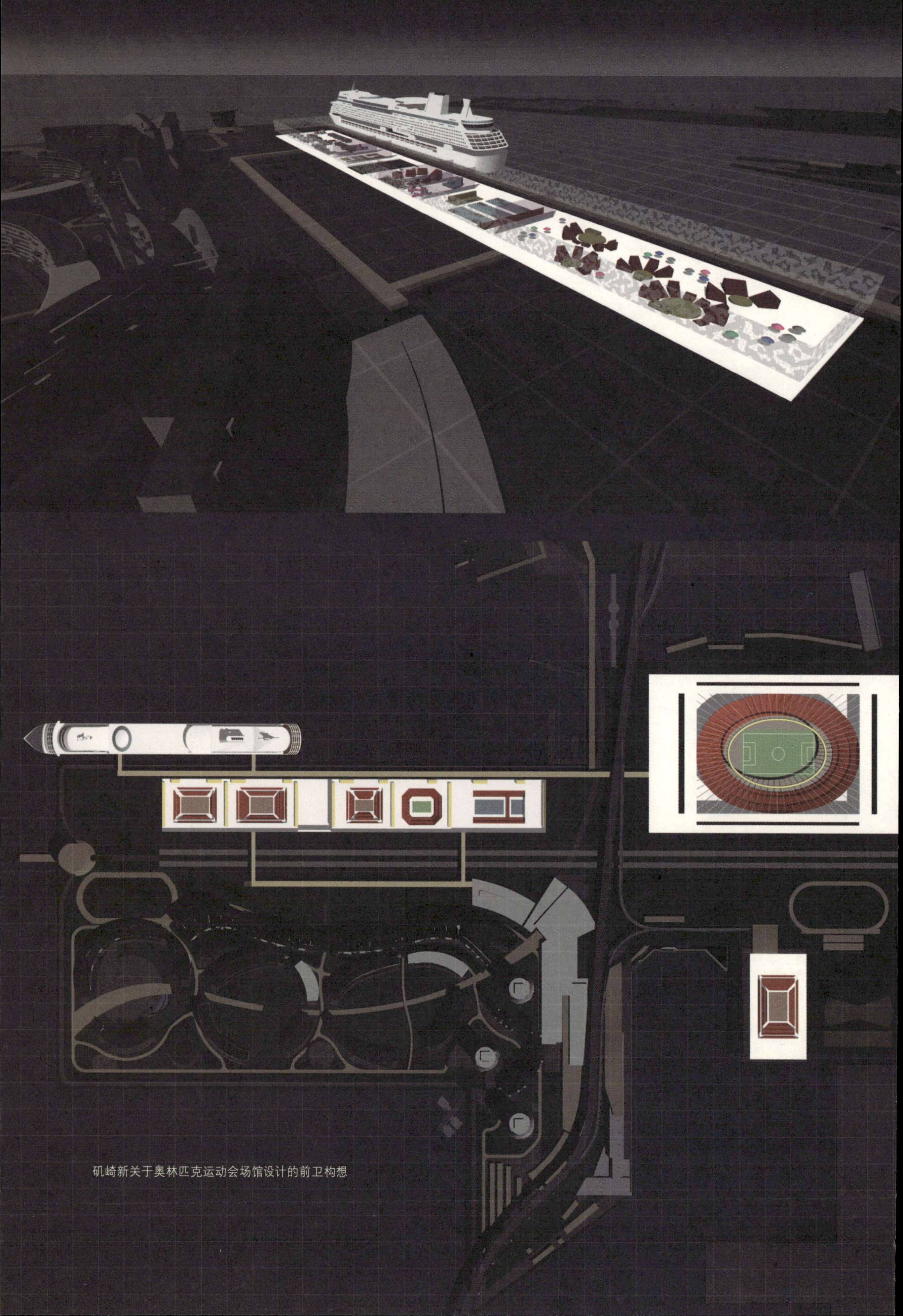

矶崎新关于奥林匹克运动会场馆设计的前卫构想

矶崎新／摄影：杨冬江

矶崎新就是一贯如此惊世骇俗的“前卫”着，整个计划看似天马行空，其实在经济、技术、环保等方面都具备很强的可操作性，其乌托邦气质更多的来自观念层面。从一开始，代表日本申办2016年夏季奥运会的候选城市之争就是一场力量悬殊的较量：福冈的人口和经济实力均仅为东京的1/10，更何况作为首都的东京拥有各种有形和无形的资源。最终，福冈还是由于经济和政治被东京所淘汰。然而，这种“知其不可为而为之”的态度和精神，正是矶崎新的一贯风格。他以不合作、不妥协的方式自觉、自律地抵制着同化的平庸，以其独立的个人感受、创作观念和行为，延伸着艺术对精神自由这一亘古概念的追求和渴望。

*我的人生中间一直在追求自由。为了追求自由就要去学习新的知识，但是学了又会被束缚，束缚了以后再想要自由，又要继续再学下去。也许只有到了70岁左右，学到的东西才能够在自己身体内部实现最终的转换，然后就解脱了，成为最终的自由。但我直到现在，还没有到达这个境界。*①

①摘自本书作者2007年对矶崎新进行的专访。

结语

与保罗·安德鲁、扎哈·哈迪德或雷姆·库哈斯相比，矶崎新的建筑和建筑思想在中国的起始状态是模糊的、混沌的，很难界定是什么事件让他在中国开始变得高知名度起来，因为许多人也许并不清楚他在中国真正建成了什么知名建筑，但他的著作《未建成/反建筑史》却深入人心；也许许多人并不清楚他的“未建成”究竟是一种什么理论，但大家记住了他所描绘的未来城市；也许还有不少人不赞同他所描绘的未来城市蓝图，但是大家都记住了这样一位思想深邃的建筑大师，一个永远保持前卫态度的日本老者。

文：杨冬江　何夏昀　刘瑛

喜玛拉雅艺术中心设计方案

矶崎新／摄影：杨冬江

矶崎新／摄影：杨冬江

矶崎新访谈

Interview with Arata Isozaki

时间：2007年12月12日／地点：日本京都

Q：作为您在北京的第一个项目，中央美术学院美术馆已于今年（2007年）11月正式落成，首先想请您谈一下它的设计过程。

A：确切地讲，中央美术学院美术馆是我在北京建成的第一个项目。我真正参与北京的设计应该是在1998年，我当时参与了中国国家大剧院的设计竞赛，那次竞赛留给我的印象是很深刻的。美术馆是中央美术学院二期规划的一部分，同时也是这些项目中最为重要的一个，我想它应当成为整座学院的核心。在构思方案的过程中，我画了很多张草图，画到最后我发现它的中心像是一个汉字中的“心”字。围绕之一构思，最后采用了三个表面弯曲的外壳和一个天窗作为主要的元素。

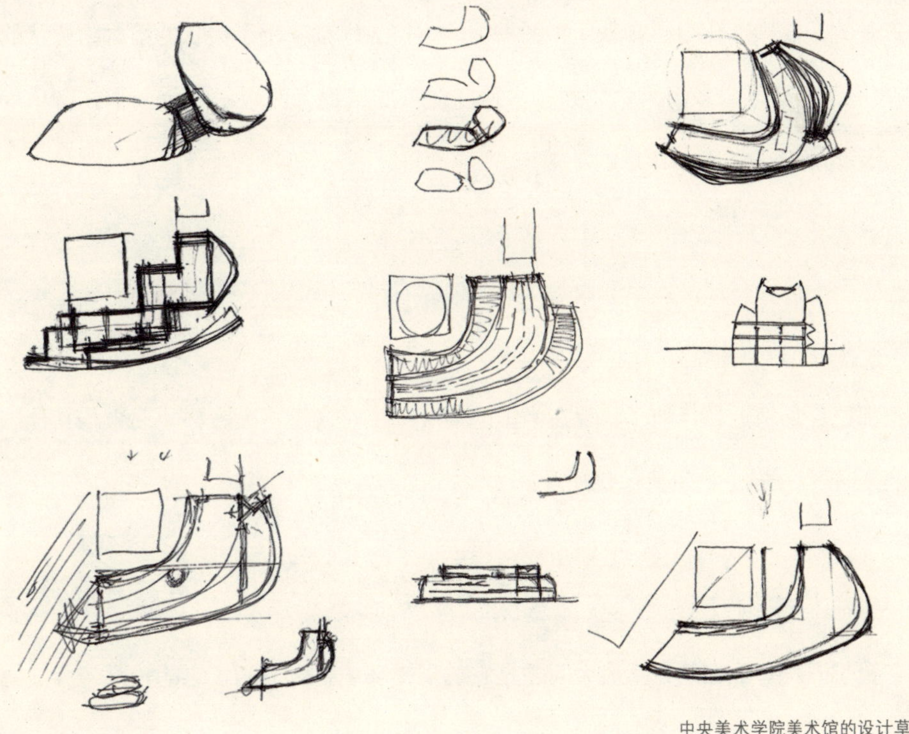

中央美术学院美术馆的设计草图

深圳文化中心设计方案

Q：在深圳文化中心的设计中又有“树”的结构出现。

A：是的，深圳文化中心音乐厅和图书馆的入口大厅都采用了树状的结构。树状的结构体是作为支撑由多面体构成的50米跨度屋顶的结构，两组树一金一银，音乐厅一侧使用的是金箔，图书馆用的是银箔。

Q：您刚才提到参加中国国家大剧院的设计竞赛给您留下了较为深刻的印象，是否可以谈谈这方面的情况？

A：那已经是将近10年前了，现在中国的情况跟那时候还不大一样，北京与其他城市相比又不大一样，我想现在要好得多。

Q：您是否可以评价一下保罗·安德鲁的方案？

A：我想安德鲁现在的方案最大问题是它与周围环境是脱节的，它的轮廓与天安门地

矶崎新 / 摄影：杨冬江

区极端的不协调。另外，如何将几个剧场巧妙地联系为一体的问题也没有很好地被解决，我想无论如何也不应该把各个大厅简单地罗列在一个“蛋壳”中。

Q：当时您设计的屋顶呈波浪形的方案得到了很多业内人士的认同。

A：我认为如何采用一种全新的语言来诠释国家大剧院与周边的关系是最重要的。屋顶的波浪形是我与结构专家佐佐木先生的合作，我很喜欢那种大尺度的曲面所带给人们的视觉冲击。但那时候我们对于这种曲面形态的掌握还不是很成熟，现在已经形成了运用计算机根据自然力学规律衍生异形结构的很完整的理论。

Q：很多人都认为您是一位极具批判个性和风格前卫的建筑师，您如何看待这样的评价？

A：我对建筑一直持有一种批判的态度，同时对现状也持一种批判的态度，或者说是对一些通俗的东西进行批判，并同时在这个过程中找到另外一种解决方法。我这个批判的态度从小到现在都没有改变过的，是一贯的。另外，就是对建筑进行革命性改变的愿望是长久的，这种革命性的东西在我的职业生涯中间也是一贯的。

Q：您在很多场合都提到中国的文化包括文字对您的设计都产生了很大的影响。

A：在我读大学的时候，欧美文化很强烈地影响着日本。我所学到的大都是西方的建筑学和建筑史，对于中国文化的了解也很片面，当时人们对于中国文化的理解实际上有相当大的一部分是接受了西方人的解读。

我经常讲，我对中国文化的理解和认识源于一个汉字“耀”。“耀”字的左侧是“光”，右上方是“羽”，右下方是“佳”，不同语义的汉字在这里组成了具有另外一个深邃含义的文字。建筑也是如此，把不同的功能用不同的形式表现，最后形成的是一个具有全新含义的建筑。汉字可以由不同的汉字组合在一起，可以形成

喜玛拉雅艺术中心方案模型

新的不同含义的汉字。建筑也是如此，把不同的功能用不同的语言表现出来，最后形成的是一个不同的、具有新含义的建筑。徐冰的文字是一种创新——看上去是汉字但又并非汉字。它们是没有含义的汉字，但同时让不具备含义的东西成为有含义的东西，这种过程或者思维方式在我看来是非常重要的。在我的建筑中，我也希望能够像中国的文字甚至书法一样多样，而且每一种字体都能够表达得完美和到位。比如说喜玛拉雅艺术中心，我可以把它归类为行书的状态，中央美术学院美术馆则归类为草书，如果从建筑的正规语言上讲就是结构。我认为无论是书法家还是建筑师，都应该擅长去创作多种形式的作品。

Q：喜马拉雅艺术中心和中央美术学院美术馆都是近年在中国所做的项目，您在日本本土所做的建筑设计是否也在一定程度上受到传统建筑文化的影响呢?

A：我会通过两个建筑来诠释这一问题，但是在谈这两个建筑之前，我还是想先向你们介绍一下位于日本京都的东大寺。

东大寺前后共经历过三次大的整修，我认为在初期建筑被烧毁之后的第二次修复，也就是12世纪那次修复后的东大寺可以说是日本传统建筑中最好的一个。当时是由几位日本的和尚来统领规划这次重建，这些和尚都曾经在中国的南宋时期到中国学习，他们将南宋的建造技术很好地应用到了东大寺的建造上。现在东大寺的南大门依然保留着那一时期的状态，南大门的结构体系非常单纯，但又充满力量感。这种结构体系和形式对于当时的日本建筑应该算作是一次非常具有革命性的变革。我在四十几年前所做的空中城市就参考了南大门的结构形式。

日本京都东大寺南大门局部 / 摄影：杨冬江

在设计奈良百年会馆的时候，我也希望能够借鉴和学习东大寺，在结构形式上有所创新。百年会馆需要有很多功能设置，中间需要留下大的空间，那么这种情况下就需要与整个空间结合起来寻找一种革命意义的改变方法。我们采用油压的推动技术将预制的钢结构抬升到建筑所需的高度，然后再把屋顶的结构与其贯穿为一体。另外，整座建筑的外墙是特制的，这是因为建筑物的周边全部使用的是传统的日本瓦，因此在烧制的时候我们选取了传统的土质，尽管建筑的整体形式是现代的，但是放在奈良这一有着悠久历史的城市，它与周边的环境又是协调的。

日本奈良百年会馆 / 摄影：杨冬江

日本东京都有时庵 / 摄影：杨冬江

Q：刚才提到的另一个建筑是您设计的空中城市吗？

A：不是，我想说的另一个建筑是位于东京的有时庵。有时庵是一间茶室，它源于中国的茶道以及后来茶道在日本独特的发展所形成的形式。茶道深受禅宗文化的影响，传统的茶室是供人们共同分享品茶乐趣和文化的一个空间场所。

在20世纪70到80年代的时候，传统的茶室跟现代建筑并没有什么关系，但我认为是可以用现代的设计手法去诠释传统茶室的。1983年，纽约的一家美术馆邀请我作展览，我做了一个茶室的草图，这是有时庵最初的一个形象，当时的概念就是在庭院里面不设功能性的东西只是保留纯粹的木结构。到了1995年的时候，我希望把这个茶室在做成一件艺术作品的同时又具有它的功能性。在我最早的概念里，庭院虽然没有功能但跟建筑还是有关联的。那到底什么东西是有用的，什么东西又是没用的呢？如果用文明和文化这两个词来作比较的话，文明就是所处的时代的各种各样的需求所形成的向前推进的整体，而文化则是在文明中间被洗练过的非常突出的一部分。如果在建筑上进行比喻的话，building就是文明，architecture就是文化。所以，现在建筑师的使命就是在赋予建筑功能性的同时又要赋予其文化。

对建筑来讲，要真正实现其实是非常困难的一件事。建筑师跟画家不一样，画家有了想法把它画出来就可以成为一件作品，但建筑师不同，它会受到很多条件的制约。就像空中城市，那是20世纪60年代初期也就是40年前的一个想法，就像乌托邦似的，那个时候在社会各个层面都受到不同程度的批判，但是我也没有把它收回来，没有把它扔掉，因为我认为它还是有生命力的。40多年过去了，卡塔尔现在将要建造它，我想好的作品一定会等到欣赏它的人出现的那一天。所以说，有10个想法，其中有9个也许都要经过等待或放弃，只有一个才能真正地体现出来。

矶崎新建筑事务所陈列着"空中城市"的最新构想／摄影：杨冬江

Q：有时庵的结构形式是怎样的呢？

A：有时庵主要是混凝土结构，混凝土板通过油压起来以后成为建筑的外观，它的背后有一层钢结构主要是为了起到强化的作用。结构体本身与建筑紧密地融为一体，这一点是最重要的。到目前为止，很多人都认为一个建筑通过一张静止的照片或只从一个视角就能够感受得到，其实这种观点是极其错误的。因为只有用多种的感官，例如亲身走到建筑内部才能完全得以体会的建筑才是好的建筑。让所有的感官一起调用起来的这种方式是我从开始设计这个建筑就特别注重的出发点。

Q：有时庵的名字是您自己起的吗？

A：是的，这个名字是我选的。它的来源是这样的，过去日本有一个叫做腾原（音译）的和尚，他到中国学习佛教，在得到大师的指点以后回到了日本，写了一本书，这本书其中有一章节的名字叫做有时，要表现的就是时间的概念。西方的时间指的是瞬间的时间点，而在东方这个概念相对是比较模糊的。我理解这里面有一种茶道精神的反映，它是人与自然在时间和空间上的完美结合。

有时庵是时间和空间两种意义上的结合，茶室就是把不同的要素在空间中进行有效的组合。同时，它还需带有时间上的意义，它表现为一种动作，主人对客人的服务的各种各样的时间体验是不同的，最后由时间和空间联合体现出茶道的另外一种境界，这就是茶室本身具有的意义。我所做的设计，要表达的内容与传统是相通的，

日本东京都有时庵／摄影：杨冬江

只是最终诠释的形式不一样而已。

Q：您对日本传统的茶室设计也一定有非常独到的见解？

A：京都大德寺的高桐院是我非常喜欢的一个地方。这里的小路都很难走，而且都是崎岖不平的，很湿滑，不小心就会摔倒。这是特意要这样子做的，这样做的目的是希望使你能够换一个心境，仔细地在这条小路中间去高一脚低一脚地感受这条路的存在。人在进入茶室时需要弯下腰爬进去，这也是让你的心境调整一个状态。在非常具有礼仪的氛围下，让人进入另一个社会，另一个世界。我这个人其实并没有很多的财产，也很少置业。但是，我已将我的归宿选在了这里，在我选择的这块墓地周围埋葬有很多有名的艺妓，我非常享受这里将带给我的一切。

矶崎新在京都大德寺高桐院选择的墓地／摄影：杨冬江

Q：我想将问题再引回到您在中国参与的设计项目中来。据说您在设计喜玛拉雅艺术中心的过程中曾经到过西藏？

A：是的，我是与这个项目的业主一起去的。但并不是因为有了喜玛拉雅艺术中心的设计，我们才去的喜玛拉雅山，我认为这是两码事。当时确实是在设计喜玛拉雅中心的过程中，但如果只是为了参考西藏的一些建筑形式或是其他的东西拿回来用，我肯定会拒绝。

Q：到了喜玛拉雅您的感受如何？

A：去喜玛拉雅体验之后有两点使我感受很深。首先，我们从香格里拉出发，然后到拉萨，中国大地的壮美景色几乎全部都凝聚在了这条道路上。第二个感受就更加深刻，在旅行的途中我同时也在考虑，住在这个被称为世界屋脊的山上的人们跟住在平原上的人们的心境有哪些不一样，他们到底是怎么样去感受这个世界和生活的。我个人认为，由于他们住在世界上最高的地方，所以他们有资格去跟天去交流，他们希望通过祈祷将他们的心愿带到上天，可以近距离地跟天进行交流。你仔细观察布达拉宫，也可以验证这一点。但是，这种跟天更接近的欲望与现代都市中的摩天大楼去追求高度的感觉是完全不一样的，在喜马拉雅，是想跟天有更近的交流，而都市中的摩天楼是一种对权力和欲望追求的结果，它们是完全不一样的。

Q：在您最近的作品中，包括像在喜玛拉雅艺术中心、佛罗伦萨火车站以及北京汽车博物馆的设计中很多部分都是通过计算机的形态解析所形成的流体结构，是否可以谈一下这些具有未来派风格的结构创意是如何设计和完成的?

A：现在计算机的对数字模拟以及程序的运用能够形成以前完全做不到的形体，它代表着我们当今时代的潮流，它就好比是这个时代的一枚印章。你所说的这些异形体结构是通过计算机来完成的，这些完美的形体结合了包括结构在内的诸多建筑要素。如果用一个简单的例子来说明就是：在一个森林里面设计一个作品，我需要两

意大利佛罗伦萨火车站设计方案

棵树，一棵是松树，一棵是藤。这棵藤如果是我手绘的话，只有给它加入很多支架我才能保证它的稳固并控制它的方向。但是，如果我不给它做支架，那么它就会自己攀爬，它自己需要找一个自己可以站稳的形式，然后任由它自己怎么爬，最后爬到松树的顶端。这时,一种全新的、我们难以想象和预测的形式出现了。解释到建筑上也一样，只给它空间大小的要求，结构的要求，还有给它一个承重的要求，然后让计算机来计算，所出现的结果其实是很有趣的。受力大的地方比较粗，而受力小的地方则比较细，这样做的话所得出的结果应当是最完美的结构。当然，计算机可以算出很多种结果，会有很多种形式，这时候就需要考验建筑师的判断力，您要根据你的要求来进行选择。

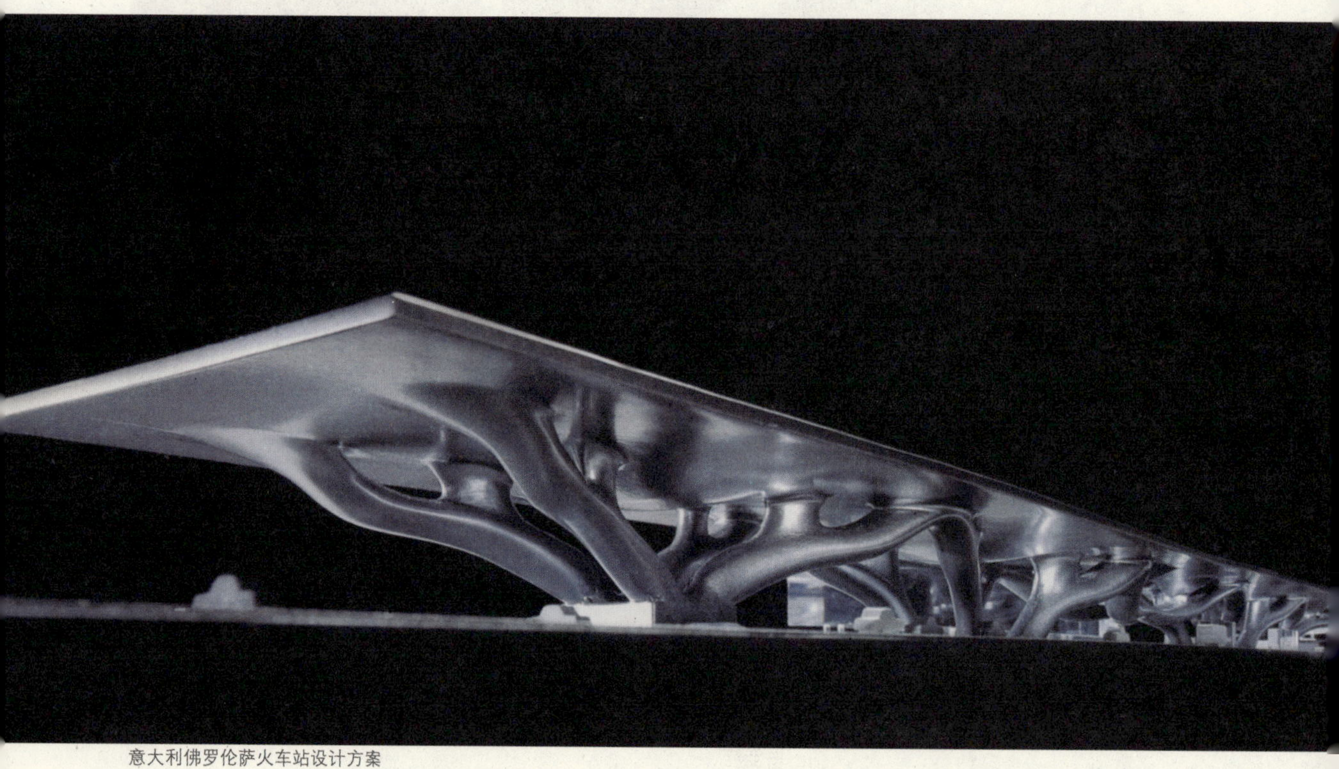

意大利佛罗伦萨火车站设计方案

Q：您以前曾经说过“在60岁的时候要做一个更自由的人”，难道在您60岁之前您感到不自由吗?

A：我的人生中间一直在追求自由。为了追求自由就要去学习新的知识，但是学了又会被束缚，束缚了以后再想要自由，又要继续再学下去。也许只有到了70岁左右，学到的东西才能够在自身身体内部实现最终的转换，然后就解脱了，成为最终的自由。但我直到现在，还没有到达这个境界。

■采访及图片整理：杨冬江

■本章图片除署名外均由矶崎新建筑事务所提供

日本东京都有时庵/摄影：杨冬江

09

建筑先锋

扎哈·哈迪德与广州歌剧院

Architectural Vanguard

Zaha Hadid and the Guangzhou Opera House

扎哈·哈迪德设计的"圆润双砾"方案

河畔的角逐

1987年，广州市政府开始大规模改造珠江北岸的渔村，以缓解城区人口过密的压力。于是，一个被命名为“珠江新城”的新区规划正式开始启动。此后的15年中，珠江新城的建设工程，成为珠江三角洲地区的一个新的传奇。

广州歌剧院的建设基地位于广州的新城市中心——珠江新城中心区的南部，濒临珠江，总占地面积约4.2万平方米。为了建设具有国际先进标准的歌剧院，在2002年11月，广州市政府共邀请了9家国内外具有丰富的相关工程设计经验和相应设计资质的建筑设计单位参加广州歌剧院的方案竞标，这其中不乏奥地利的蓝天组，荷兰的雷姆·库哈斯以及英国的扎哈·哈迪德等国际建筑界炙手可热的大师级人物。

经过专家评审、公众展示和网上投票，奥地利蓝天组设计的2号方案“激情火焰”，英国扎哈·哈迪德事务所设计的4号方案“圆润双砾”，以及北京市建筑设计研究院设计的5号方案“贵妇面纱”，最终从9个参选方案中脱颖而出，成为优胜方案。

当然落选方案中也不乏佳作，尤其值得一提的是库哈斯的方案，他给出的答案完全是对歌剧院的全新诠释：把观众厅与舞台分离。这种分离看似有点无情和过于暴

奥地利蓝天组设计的“激情火焰”方案

北京市建筑设计研究院设计的“贵妇面纱”方案

力，但细细品味，似乎又不无道理。本来就是不同的使用者、不同的需求和不同的人流交通，为什么要把它们作为一个整体，然后再在外面包裹同一层表皮呢？库哈斯把舞台跟其他的控制室、排练室放在一起，成为一个表演的加工场。而观众厅则跟门厅、休息厅等连成一个折叠的整体，两个部分通过舞台台口实现互动。当然，一个建筑只有一个好的理念是不足够的，它还需要一个能够承载其创意的物理躯体，而库哈斯的方案理念性很强，要述说的道理也很明晰，但过于单薄的建筑形式让人不得不放弃对它的青睐。

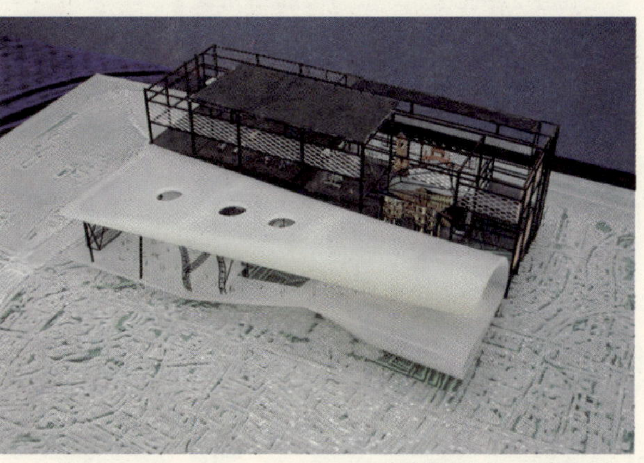

库哈斯设计的广州歌剧院方案

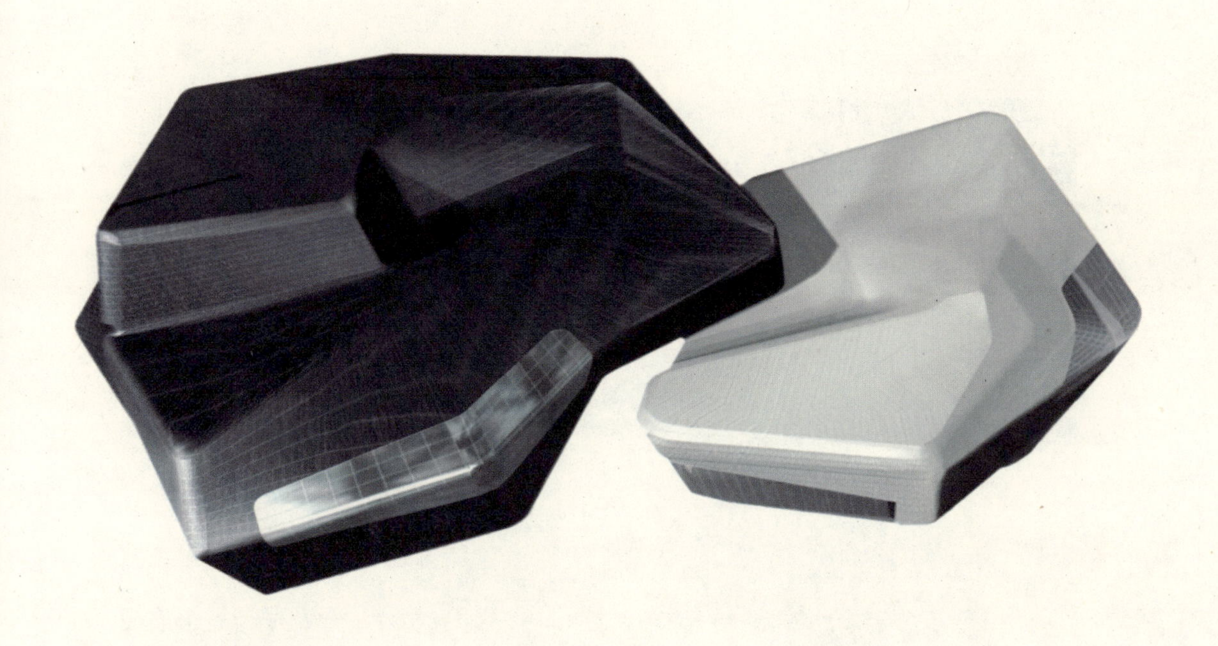

圆润双砾

“是谁驱石到江心，天为羊城镇古会。”

这两句诗词是广州流传最广一段民谣。诗中的“石”指的是屹立珠江中的海珠石。在广州2217年的历史记载中，海珠石一直被人们当作神灵供奉。但是随着时间的流逝，珠江河道比古时变窄了许多，海珠石逐渐从江心移到了岸边。

对于方案竞标志在必得的扎哈·哈迪德和她的合作伙伴们发现，千百年来，珠江穿过广州城缓缓流淌，滋养着这座城市生生不息。于是珠江水的涌动和海珠石的传说，成为了她设计“圆润双砾”的灵感依托。

我的想法是从两个物体之间的相互关系的思考中得来的，我们非常关注空间之间的

对话，以及如何使它们相互重叠，相互交流。①

扎哈·哈迪德的“圆润双砾”最终赢得了此次角逐，如果要确切给出一个获胜的理由，也许就是它的设计理念——流水冲刷的石砾。一个建筑的标志性如何体现、如何得出，并不是一个单体造型如何解决的问题，就像如果把世界上所有的地标性建筑全部摆放在一起，如果再有人提问哪个建筑更具标志性，这将是本世纪最难回答的问题之一，因为建筑脱离了其所赖以存在的基地，其评判就会流于表面和形式。

扎哈在分析这个方案时，充分考虑了广州歌剧院所处地势，推导出一个极为符合地域特征的设计概念，然后再将设计理念结合功能、面积、交通等具体因素，成功实现了形体的转换，整个方案有一种一气呵成的高度统一感。扎哈极富诗意地描述着这个方案：“珠江河畔，缓缓流水冲刷过两块漂亮的石头。”

我们再将这两块漂亮的石头摆放在项目大背景中，对比着周围林立的高楼大厦，这两块圆润的石头有一种远离烦嚣的静谧脱俗感，似乎只要置身其中自然感悟良多。

当然，这两块浑然天成的石头绝不笨重和压抑，恰到好处的玻璃幕墙穿插处理，让建筑在夜空中像一块夜光石般璀璨夺目。

扎哈的方案与广州城进行着静静的对话，它使得珠江新城的摩天大楼与珠江有了一个诗意的平缓过渡，而这种平静以至于让大家都不太愿意相信这是出自扎哈的一贯作风——那种支离破碎的穿插、极具速度感的线形、张扬凸显的体块，但扎哈否定了大家对其动机的怀疑。

我认为广州歌剧院的设计首先是由它的地势决定的，它是非常唯一的一个表演空间。它有非常独特的造型和有韵律的空间。②

---

①②摘自本书作者2007年对扎哈·哈迪德的专访。

也许有人会问，这还是那个雷厉风行、语出惊人的扎哈吗？那个曾经说“和谐？周围都是狗屎也要我和谐”的建筑先锋吗？

其实，如此极端的语言修饰误导了大家对扎哈的认识，每一次设计她对周围的环境都给予了高度的考量，只不过她给出的答案是如此与众不同，以至于习惯了将尊重环境特性等同于材料相似、形体相近、肌理一致的大家，不得不费点心思去琢磨和挖掘。仔细品味扎哈的作品，我们可以从中清晰地体会到，扎哈在设计中是如何处理与基地文脉和环境关系的，她追求的不是一种“和平演变”的关系，而是一种建筑在城市中的突变效果，以求达到一种“新的建筑更新，旧的建筑更旧”的反差，突出建筑的历史进程感。

*有的人对建筑创新失去了信心，对新事物产生的可能性也失去了信心，所以很多人回归到保守的建筑和保守的理念。*①

扎哈这样感叹着，她也正是以此鞭策着自己要做一个建筑界的开拓者、革命者、先锋派，在她眼中没有最新，只有更新。

广州歌剧院室内设计方案

①摘自本书作者2007年对扎哈·哈迪德的专访。

扎哈·哈迪德／摄影：杨冬江

位于伦敦的扎哈·哈迪德建筑事务所/摄影：杨冬江

扎哈是建筑界的一个话题女子，有太多太多她的故事，有太多太多关于她的讨论。有人讥讽她性格乖张，有人说她只是特立独行；有人批判她是形式主义，却也有人说她只是拥有自己独特语汇的建筑大师。但无论喜欢她的还是不喜欢她的，都公认扎哈为当今世界上最为才华横溢、最具创造力和最为与众不同的建筑先锋，她给人们带来崭新的空间体验，在她的字典里，建筑绝不是墨守成规。

一个来自伊拉克的英国女子，通过充满动态构成韵律的作品动摇了欧洲建立千百年的建筑审美标注，最终实现在建筑界的金字塔尖上与男人们平起平坐，这本身就是一个富有文化意味、值得津津乐道的传奇故事：1950年出生于巴格达，大学就读于黎巴嫩贝鲁特美国大学的数学专业，按她自己的话说，那时的她不想太早为自己的生活确定某种方式，年轻的生命渴望尝试许多的事物，而数学对于扎哈而言显得轻而易举，所以她便暂时选择了数学，以便腾出更多的自由时间；1972年扎哈来到伦敦AA建筑学院①学习，毕业后她加入了雷姆·库哈斯主持的大都会（OMA）建筑事务所，并同时在AA建筑学院任教；1979年扎哈成立了自己的建筑设计事务所。

扎哈很有才华，你在和她合作的时候不用和她说你确切的想法，你只要给她一些信息，这个国家的历史文化、项目的背景，她就会根据这些得出非常好的想法，我和她合作总是去增加她的信心，而不是批评她。②

迄今为止，扎哈在建筑领域里已经实践了30个年头，正处于她事业的巅峰时期，她

①Architectural Association School of Architecture
②摘自本书作者2007年对雷姆·库哈斯的专访。

统领着百余位设计领域的精兵强将，并将其风格的建筑革命在世界范围内进行到底：从新加坡、伊斯坦布尔的城市规划，到中国的歌剧院、美国的博物馆，再到阿布扎比的艺术中心，这些具有不同文化背景的城市纷纷接受了她的作品，这些极具个性的作品让整个建筑界都无法忽视她的存在。同时，她的产品设计系列和家具设计系列同样在全世界范围内引起了艺术收藏家和评论家的高度关注。而扎哈对家具设计似乎情有独钟，她的设计包括功能性很强的家具，也包括了一些处于艺术与设计中间地带的限量版物品，像2006年她与Established & Sons合作的限量版“水之桌”（AQUA TABLE），就让那些当代艺术的收藏家们也为之心动。这个以水滴为灵感的桌子，通过表现水珠欲滴未滴的那一瞬间，结合桌子所必要的支撑，形成一个完美回转的流线形，许多评论家称她的艺术造型能力堪与亨利·摩尔媲美，区别只在于一个是实用艺术，一个是观赏艺术。而在广州歌剧院中，扎哈也表现了其对室内家具的关注，一切存在于广州歌剧院的物品都深深打上了扎哈的烙印。

多方位出击的哈迪德走着理论学术研究与设计实践并重的路线，现在她的实践几乎

扎哈·哈迪德与Established & Sons合作的限量版“水之桌”／摄影：杨冬江

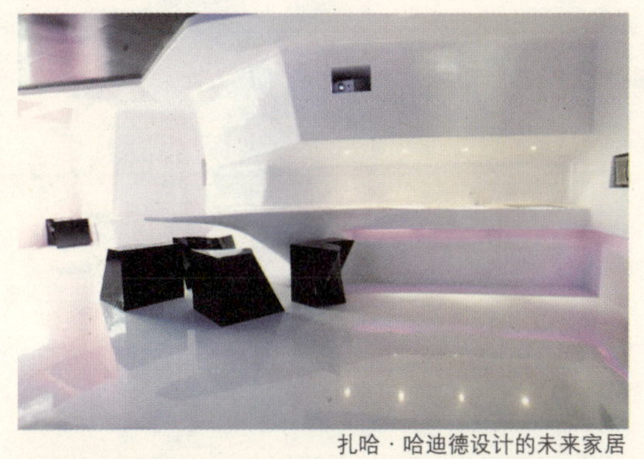

扎哈·哈迪德设计的未来家居

阿布扎比艺术中心

涵盖了所有的设计门类，大到城市规划小到家具和产品设计。而在20世纪80年代，扎哈仅仅以其在图纸上未建成的建筑吸引着国际的注意力，因为她的作品改变了人们对建筑可能性的期待。近年来陆续完成的建筑项目，才有力证实了扎哈不但具有幻想家的创造力，也具备实践家的建造力。2004年，当扎哈获得国际建筑界的最高荣誉——普利茨克奖时，评委们赞扬其被世界认可的过程是一次“英雄般的奋斗”。

扎哈·哈迪德的办公室／摄影：杨冬江

作为建筑先锋的灵魂人物，扎哈的成功的确得来不易，因为她要颠覆世人现已接受的一切建筑旧秩序和旧标准，因此，即使她在被人奉为大师的同时，也有人称其为女巫，而她对这点表现出一种客观豁达的心态。

*你必须自己坚信你的作品是成立的，即使当它实现不了的时候你也不可以就此放弃，哪怕很久，几天，几个月，几年，无论多长时间你都必须坚持下去，继续往前走。*①

①摘自本书作者2007年对扎哈·哈迪德的专访。

从纸上谈兵到掷地有声

过去，很多人都是通过扎哈极富个性的建筑表现图来认识她的，图纸上那些凌乱但隐含着秩序的线条，带着一股强烈塑造空间的欲望。动态和静态的完美结合，无一不体现出她独特的思想。她绘制的表现图不但没有掩盖她是一个建筑师的事实，而且恰恰是这些图画表现了她建筑实践的灵感源泉来自她对周围世界独特的视角和体验。她就像一个优秀的摄影师，在摄影机的缓缓移动中，上下摇摆并且不时地俯冲镜头，在具有叙事韵律的一帧一帧剪接中感知着城市。她寻找到了那些潜藏在现代世界深处的东西，并把它们描绘得宛如乌托邦一般虚幻。

1983年，在香港山峰俱乐部（Peak Club）的国际竞赛上，扎哈·哈迪德的设计作品开始崭露头角。

当时，俱乐部的投资方希望建造一个全亚洲最豪华的会所。正当大部分设计师都在绞尽脑汁地考虑如何去营造俱乐部的豪华氛围和外形时，扎哈却设计了几个酷似集成电路板的花岗岩几何体。因为她觉得，俱乐部是建在香港的太平山顶，花岗岩恰好能够与山体融为一体，而集成电路板的造型则可以反映香港动感之都的特色。方案评审开始后，扎哈的方案在第一轮初审中即被淘汰，幸亏当时的评委日本建筑师矶崎新的慧眼独具，才把她的方案从淘汰的名单中拯救了回来。在矶崎新看来，这个酷似电路板的设计虽然有些前卫，但是却透出一种莫名的吸引力。虽然扎哈出人意料地战胜众多国际知名建筑师获得了这次竞赛的第一名，但是她的方案最终还是由于太过前卫而没有被最终实施。由于太多方案都流于纸面，这一时期的扎哈·哈迪德被人们称为“纸上建筑师”。

香港山峰俱乐部表现图

位于德国莱比锡的BMW厂区

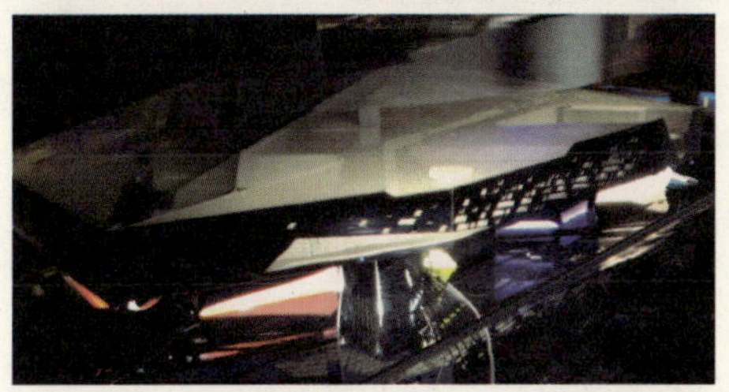
沃尔夫斯堡斐诺（Phaeno）自然科学中心

美国辛辛那提罗森塔尔当代艺术中心

在1993年完成了位于德国魏尔镇的维特拉家具厂消防站（Vitra Fire Station）后，扎哈并没有完成太多的实际项目。直到近些年，当德国莱比锡的BMW厂区、沃尔夫斯堡的斐诺（Phaeno）自然科学中心和美国辛辛那提的罗森塔尔当代艺术中心三个大型项目同时被扎哈承接下来以后，扎哈的设计方案才真正开始被大量的实现。曾经有人评论扎哈是一个出色的画家而不是一个成功的建筑师，而这三个项目的建成强有力的反驳了这个观点，证明了扎哈那富有动感、韵律的动态空间不只是存在于纸面，而是可以在物理世界真实建造的建筑实体。在这些作品中，我们可以隐约地感到扎哈的创作风格正从早期的粗放型线性空间开始渐渐向华丽细腻的方向转变。

扎哈新一轮与众不同的建筑正在全球范围内建造，这些即将建成的建筑将会使扎哈的事业跃上一个新的台阶。扎哈是那些少数在全球范围内进行建筑实践的建筑师，她不仅获得欧洲和北美圈的认同，而且还获得了来自中东、俄罗斯、印度和中国的设计委托任务。扎哈对于建筑的前瞻性为其吸引了众多项目，而设计项目的数量也将会在一定时期内持续不断地攀升。她持续多年对新形式、新理念的思考和实践，最终使她的建筑从纯理论、纯表现的世界中走了出来，真真正正地转换为真实的建筑实体，而这每一次的转换都落地有声，成为人们讨论的热点。

人造“双砾”

广州歌剧院从方案到实施的过程转换不算坎坷，但也历时颇长。

2002年11月，广州歌剧院竞标结果公布，扎哈·哈迪德的“圆润双砾”成为最后的实施方案。但是根据广州城市建设总体安排，广州歌剧院的整个项目建设推后了近两年的时间。2004年项目重新启动后，作为国内的配合单位，广州珠江外资设计院承接了所有的设计深化工作。

在广州歌剧院的设计中，扎哈依然沿用了她习惯的的动态构成的设计理念，整个空间没有一面墙体是垂直于地面的，不规则的玻璃与钢架充斥在整个剧院的内外造型之中。

虽然这些异形的构造在技术上没有问题，但是过于追求自然、圆润，将会导致建筑表皮的大部分材料都要去专门的厂家进行加工和制作，建筑造价将难以控制。针对这一问题，国内的设计部门和扎哈事务所在奠基仪式结束后进行了紧急的磋商与协

广州歌剧院设计方案

广州歌剧院施工现场 / 摄影：杨冬江

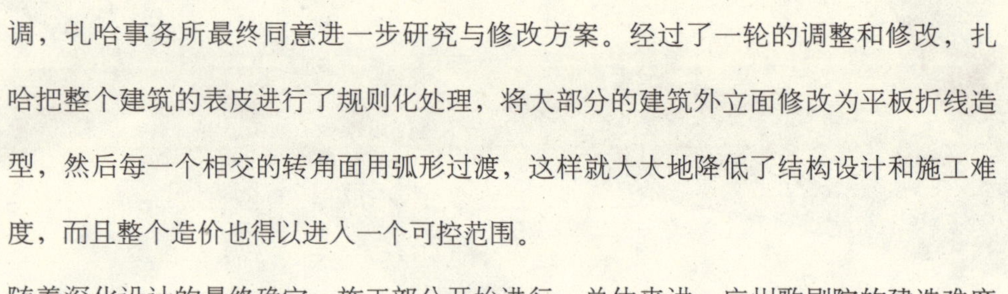

调，扎哈事务所最终同意进一步研究与修改方案。经过了一轮的调整和修改，扎哈把整个建筑的表皮进行了规则化处理，将大部分的建筑外立面修改为平板折线造型，然后每一个相交的转角面用弧形过渡，这样就大大地降低了结构设计和施工难度，而且整个造价也得以进入一个可控范围。

随着深化设计的最终确定，施工部分开始进行。总体来讲，广州歌剧院的建造难度主要集中在三个方面，第一是广州歌剧院的地下水位问题；第二是地铁3号线在广州歌剧院附近通行的问题；第三个问题，也是最为重要的一个问题，就是如何实现和准确控制歌剧院的结构形态。

第一个问题似乎没有想象中的艰巨，根据地质报告和珠江新城附近其他项目的施工经验，施工

广州歌剧院施工现场／摄影：杨冬江

总承包方判断广州歌剧院的地下室在开挖过程当中，由于地下水位比较丰富，可能会出现融水，或者大面积塌方的情况。因此，在施工之前就准备了包括止水、排水和降水的多种预案。但从实际的施工情况看，过程要比预期顺利得多，整个基地的岩层比较完整，土层的透水现象也较好；而地铁噪声问题在地基开挖达到一定深度后，经评估和测试证明，地铁运行所产生的振动对剧院的使用并不会产生影响。

第三个问题，关于结构实施和准确控型的问题成为施工进程的关键，广州歌剧院的不规则形体可谓国内之最，“鸟巢”起码有相当的部分是对称的，而广州歌剧院却没有一个节点相同，这就使“圆润双砾”从图面到实施要克服一系列前所未有的施工难题。仅歌剧院的钢结构——三向斜交折板式网壳，就有64个面，47个转角，每一个钢构件都是分段铸造再运到现场拼接，每一个节点从制造、安装均要在空中准确三维定位，目前国内对如此复杂的钢结构根本没有规范可循。

*它的难点主要在于空间定位。首先是铸钢接点，铸钢接点在定位点上误差一毫，就相差千里，这将会导致拼装过程的施工质量很难得到控制。所以，我们在吊装过程当中，就要把这个定位作为我们的首要攻关项目。这个准确定位的实现最终是通过计算机模拟实验得出的，通过一系列实验，模拟出数据，来满足设计方制定的建造规范和标准，如果达不到这个要求，我们这个吊装将有可能失败。吊装成功后，每隔一段时间，我们还要检测结构上的应力，看有没有出现超出规范的变形情况发生。*①

2008年4月，历时4年的广州歌剧院主体结构施工顺利完成。

①摘自本书作者2007年对广州歌剧院项目中方结构工程师的专访。

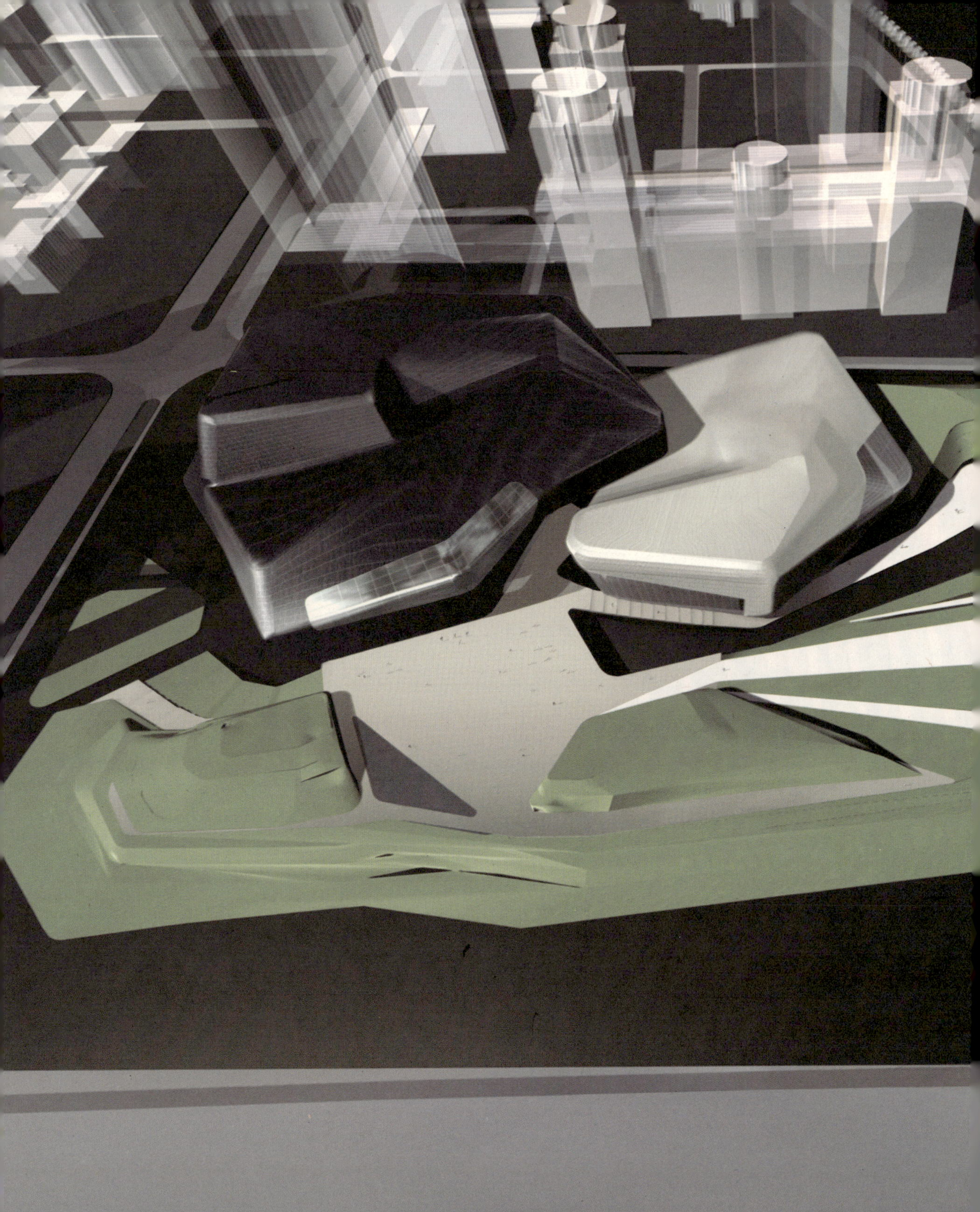

广州歌剧院设计方案

完美的核心

除了独特的建筑外形，同样善于营造室内空间的扎哈·哈迪德，使得广州歌剧院可谓“内外兼秀”。广州歌剧院的室内延续了扎哈一贯的动态构成手法，一如既往的曲线将所有的空间和墙体完整地融合在一起。流畅的曲线颠覆了传统建筑的层次感和硬朗感，一种交融的状态取代了常规建筑结构中界面之间的横平竖直关系，创造出一种极具未来色彩的流动感受。家具也与室内融为一体，同样是流畅地自然生长出来，局部的三角形开窗，让光线温润地点缀了整个空间。

当然，歌剧院设计中最为核心的因素依然是音响效果，它的建筑设计再华丽，内部装修再梦幻，那也只是图有华丽的外表，而缺少真正的内涵。歌剧院的品质就像一个人的气质和素质一样，应该作到表里如一，从而达到更高的境界。鉴于广州歌剧院的高定位，业主请来世界著名的声学公司——澳大利亚的马歇尔·代公司来负责声学方面的设计。至此，广州歌剧院可以说有了“内外兼秀”的最大可能——建筑界最高奖“普利茨克奖”第一位女得主扎哈为其营造脱俗外表，声学界最高奖“赛宾奖”获得者哈罗德·马歇尔为其打造完美的内涵。

剧院的声学设计主要通过三个步骤来保证声学效果。第一是通过计算机模拟，声学设计公司根据建筑方案设计的图纸，通过计算机构建的建筑模型模拟观众厅里的声场分布，利用在舞台上设置模拟声源，然后在观众席上选择二三十个典型定点来模拟接收，以测试声场分布，从而控制调整观众厅的形态，以达到所需声学要求。第

广州歌剧院室内设计方案

二个步骤是通过建造一个1：20的模型，通过这个缩尺模型进行实验，来研究歌剧厅里是否存在一些声学上的缺陷，包括回声现象、声聚焦现象，声能量分配不均匀等现象。简单来说，就是一方面要有足够充分的混响时间来支持歌唱演员的表演、音乐的伴奏，让声音听上去丰满、浑厚、融为一体，另一方面又要有很高的清晰度，让座位上的每一个观众都能听清楚歌者的声音、歌词和音乐各部分的细节。第三个措施是要根据声学设计者的丰富经验来进行个案的调研与分析。因为计算机只是一个工具，计算机模拟只需要有软件，任何一个公司都能使用，但是这个模拟结果怎么来解释、怎么来分析，这需要非常丰富的经验。

歌剧院室内"双手环抱"的布局

马歇尔在实地考察广州歌剧院后提出了两条很重要的建议，这也将成为广州歌剧院在声学上的两大特色。第一条建议是，他对观众厅的两层看台提出选用一种“双手环抱”的布局。因为一般剧院观众席的两层看台是对称的，都是从靠近舞台的侧墙延伸进去，而马歇尔提出的双手环抱布局的设计理念是暴露出更多的靠近舞台台口的侧墙，作为有效的声反射面。因为靠近舞台的侧墙表面是非常重要的声反射表面，通过这个“双手环抱”的格局，提高了有效声反射面的面积。他的第二个建议是舞台乐池倒八字分布的建议。常规歌剧院的乐池是从舞台尽端按照八字形向观众席进行扩展，也就是说它靠近舞台深处的地方窄，靠近观众的地方宽度大。而马歇尔提出了一个倒八字的布局方案，就是舞台乐池的两侧墙面按照倒八字排列，靠近观众的台口窄，而舞台深处却变宽。因为通过这样一个倒八字的侧墙，会更加有利于舞台上的声音和乐池中声音的相互反射，对它们之间的交流环境起到一个很好的促进效果。

广州歌剧院舞台方案

中性建筑

扎哈·哈迪德/摄影：杨冬江

扎哈·哈迪德被谈论最多的，除了她那充满张力与柔情的建筑以及富有特色和艺术表现力的建筑图以外，就是她的性别和民族。

*初期我非常抗拒被人称为“女性建筑师”，而不是“建筑师”。为什么一定要强调我的性别，而不是我的职业？但是现在，我无所谓了。如果我可以帮助其他女性在建筑这个行业抬起头来，我觉得没有问题。可能对于许多从事创作工作的人来说，生活中发生的重大改变，比如恋爱、结婚、生子，都会对她的创作风格产生一定的影响。但是我不知道。这些事情我都没有经历过。但是，我想我的作品决不会因为我身边的人或事而改变。它是日积月累形成的，而且在20年前就已经形成了，不可能在一夜之间翻天覆地。每个人当然都会受自己的民族、文化背景的影响。我的意思是，在我成长的过程中，我一直有着更多、更新、更复杂的社会背景影响着我。我是巴比伦人，我们拥有五千年的历史和文化。*①

①EL Croquis. Zaha Hadid 1983-2004. EL Croquis,1995 (9): 24-27

建筑界是一个以男性为主导的世界，当然无法否认的是在其他学科和领域中也有同样的现象出现，但一直以来，我们就生活在男性化建造的空间——方形、体块、力量，这些男性化的符号语义一直是建筑表现追求的关键词。建筑长久以来缺乏对女性使用者的关注，就像我们日常生活观察到的：人多的时候女性洗手间总是排着长队，而男性洗手间似乎不会出现这种情况。仔细分析，出现这种现象的原因可能有许多，但不可回避的问题是设计师似乎并没有给予足够的关注，在自觉和不自觉中忽略了男女性别在生理、心理和审美意趣上的差异。而当在对方形、横平竖直的建筑出现审美疲劳后，人们总会设想由女性设计的空间应该有其独特的动人之处。近

扎哈设计的德国维特拉家具厂消防站室内

扎哈与舒马特（Patrik Schuma）合作设计的Vortexx吊灯

纽约42街酒店方案模型

年来，建筑界就给予了“少数派”——长谷川逸子、妹岛和世、扎哈等女性建筑师很强的聚光灯和很高的期待。

对于这个话题的讨论，很容易背负上一个太过沉重的社会问题枷锁，任何试图从两性不平等根源去解释的尝试，其实又落到男权中心、本质主义的话语框架下——将男女之性别差异视为不可被排除在外、决定一切的基本差异。而实际上，女性和男性从性格特征上不是一个明确的概念，就像我们会用娘娘腔去形容某类男性一样，传统女权主义对女性这个普遍性的强调，实际上忽略了女性个体的差异性，而这也是扎哈在一开始非常抗拒别人称其为“女性建筑师”的原因，其背后的动机在于她并不认为女性特征应该左右她的建筑思想，或者说应该对其建筑思想起决定性作用。传统观念对于女性特征的预设让人们理所当然的认为，女性的建筑就应该是阴柔的、装饰的、细腻的，而扎哈的设计风格极具讽刺意味地挑战了这种预设，而她的张扬个性和永不妥协让不少男性相形见绌，在她的对比下，也就显得似乎不那么男性了。我们可以说扎哈就像“超女”的获胜者一样，告诉我们在女性和男性中间，还有一种中性的选择，她们都模糊了我们对性别的强调，增强了我们对于个性和职业技能的关注。而广州歌剧院的双砾造型的胜出，也许正是扎哈要传递给我们的信息，谁说女性美就是阴柔的，真正的建筑美是可以超越性别、穿越国界从而达到普适的。

广州歌剧院室内设计方案

结语

如果说国家大剧院激活了境外设计师在中国进行建筑创作的设计潮，那么，经历了CCTV新总部大楼的冲击，随着各地的形象工程和标志性建筑的陆续诞生，广州歌剧院的设计竞标则标志着一个后国家大剧院时代的到来，大家开始放缓脚步、开始质疑，我们仅仅是一个大师作品的收藏者吗？只是不停地收罗着来自各国的奇珍异宝，细数着自己的斩获，而耗费了大量的财力却无所得吗？其实只要大家开始对建筑的一些基本问题进行普遍性的思考，这一切的耗费也就值得了，问题的答案也就显得不再那么重要，因为那个单一取向、标准回答的时代已经过去，多元成为了主旋律。在不久的将来，对于建筑的评判和鉴赏，自然而然会在岁月中得到提高和升华，你再也不需花费大量的时间和金钱出国考察最新的设计、最好的建筑，因为它们将陆续出现在你我的身边，你只需周末出去闲庭信步，审美和鉴赏力的提高就会在潜意识中完成。

文：杨冬江　何夏昀　侯晔

扎哈·哈迪德的建筑表现图

扎哈·哈迪德／摄影：杨冬江

扎哈·哈迪德访谈

Interview with Zaha Hadid

时间：2007年6月30日／地点：英国伦敦

Q：请您谈一下广州歌剧院“圆润双砾”的创作初衷？

A：这个想法是从两个物体之间相互关系的思考中得来的，我们非常关注空间之间的对话，以及如何使它们相互重叠，相互交流。同时，与珠江新城形成自然景观和人工景观的鲜明对比也是很重要的。

Q：在设计方案中您使用了不规则的几何体造型来塑造歌剧院。

A：是的，它就像一堆岩石。当然，你要意识到，必须把它们纳入几何学的范畴，以使其更加理性和鲜明，这也是需要我们一起来面对和解决的问题。

Q：在普利茨克奖的颁奖仪式上，评委们评价您“改变了人们对空间的看法和感受”，请问这是您在设计中所追求的目标吗？

A：准确的说，一开始并非如此。我尝试着改变空间的体验并不是一开始就这样，在此之前我们在工作室做了很多相关的实验和研究，这些工作使得我们意识到我们可以采用一种全新的空间体验方式去进行创作。

Q：您毕业于以前卫著称的伦敦AA(建筑联盟)学院，并在那里结识了您的导师雷姆·库哈斯，您认为这段经历对您今天所取得的成就有哪些影响？

A：1972年到1977年我在英国AA学院学习，那是一个包容性很强的地方，有很多有趣的人。雷姆·库哈斯曾经担任过我的导师，他是一个非常有魅力的老师。那个时期大家总是在讨论一些关于建筑发展方向的问题，很多人在对建筑产生质疑。关于蒙太奇，关于构成主义，所有的建筑师都在寻找可替代的生活方式，而所有的这一切混合在一起构成一个很有趣的社会背景。雷姆是一个很有经验的老师，非常有探索精神。同时，我认为俄国的前卫派艺术也对当时的文化背景产生了一定的影响。所以，我认为这段经历对我后来的发展还是起到了重要的作用。

扎哈·哈迪德设计的未来家居

Q：从AA毕业以后，您也有过一段教学的经历？

A：是的，在AA毕业的同一年我也成为了这所学校老师。教学的经历对于我来说是一个很重要的过程，在教课的同时我也学到了很多。

Q：在建筑界关于您的争论一直很多，不仅因为您是女性还因为您的个性，当然更重要的是您的作品，有人喜欢有人不喜欢。那么能不能谈一下当您的方案被否定时您的心理状态，这也许会给所有的同行一些启发和引导？

A：这是个很好的问题，我认为建筑设计不是一个让人很享受的专业，但我却乐在其中。它有很高的要求，顺利的时候，真是难以置信地鼓舞人心，令人振奋；不顺的时候，你知道，即使工作很努力，却一直得不到认可，情绪会很糟糕。比如说你花费了很大的精力在一件作品上，你必须自己坚信你的作品是成立的，而且你必须努

广州歌剧院室内方案

力地想象这个作品被实现时的样子。所以即使当它实现不了的时候你也不可以就此放弃，哪怕很久，几天，几个月，几年，无论多长时间你都必须坚持下去，继续往前走。有的人对建筑创新失去了信心，对新事物产生的可能性也失去了信心，因而很多人回归到保守的建筑和保守的理念，所以我认为有段时间对我来说曾经是个很困难的时期。

Q：是否可以把话题再转回到广州歌剧院。

A：当然。我认为广州歌剧院的设计首先是由它的地势决定的，它是非常唯一的一个表演空间。它有非常独特的造型和有韵律的空间，它是我在亚洲的第一个完成的作品。所以，广州歌剧院对我来说具有特别的意义。

Q：很多人认为广州歌剧院在未来将成为广州的一个标志性的文化建筑，你自己是怎么认为的？

A：1981年我曾经从香港去过广州，等三、四年前再去中国的时候我所见到的景象已经与从前有了太大的变化。我记忆中的那些印象已经完全改变了，因此并没有真正

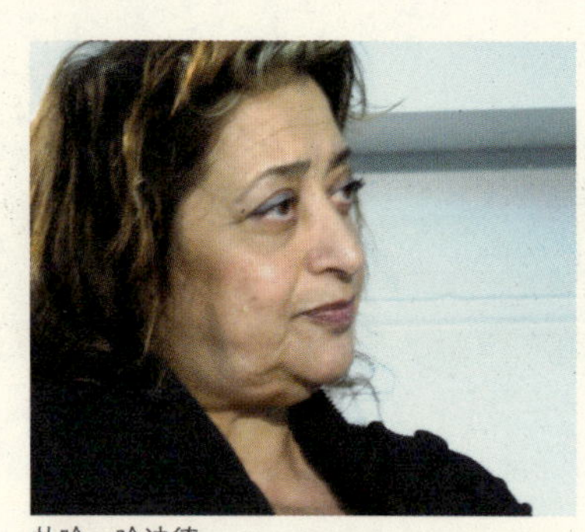
扎哈·哈迪德

北京SOHO物流港

可以谈论的背景，因为背景是不断变化的。我希望我的设计能够长久地保存在人们的记忆中。

Q：请谈一谈您对中国的城市发展的一些总体印象。

A：在中国我并没有去过很多城市，只是广州、上海、北京还有无锡、西安等地方。北京是一个令人难以置信的城市。我们理应在那儿有一个作品，就是SOHO物流港的总体规划，但它并没有实现。之后，我们为SOHO设计了一个建筑，它也没有做成。这真令人遗憾。

中国发生了很大变化，我认为这对我和我的工作都有一个开创性的影响。因为让人难以置信的面貌、大量的人口和各种生活风俗，这真的很有趣。我去了一些地方旅行。我觉得上海是一个非常不平凡的城市，北京也是。我说上海是因为它所有相邻的建筑都是不同的，独一无二的，这是非常不可思议的地方。北京是因为它的区域规模和巨大影响力。但是，我想在中国最令人印象深刻的还是中国的古典园林，如颐和园等等，它们处理得非常恰到好处。我以前不喜欢园林，但我认为中国人对园林有很强的控制力，构思简洁。中国园林是非常令人赞叹的。

Q：2012年伦敦奥运会水上运动中心是您的又一新作，您能对这一方案作一个简要的介绍吗？

A：伦敦奥运水上中心有两个水池，一个是游泳池，一个是跳水池。在设计过程中，我们将这两个有机体的特点加以提炼，比如说如何将它们的屋顶建成一个连续的优美的曲线。我们的做法是尽量地去保持它的完整性和连贯性。与北京奥运会的游泳中心一样，这座建筑也是为奥运会设计的，奥运期间它的规模会大一些，奥运会结束后它的规模和职能会有所减少。所以说，我们的设计对水上中心赛时和赛后的使用情况都进行了全面的评估和考量，尽量使其做到完美。

■采访及图片整理：杨冬江

■本章图片除署名外均由扎哈·哈迪德建筑事务所提供

伦敦奥运水上中心

后记

能够将境外设计在中国最近30年的发展进行一次记录和整理，对我来讲可算是一种机缘的巧合。其实最初的构想并没有如此规模，原本只是希望能够将中国近现代室内设计的专业发展通过电视媒体的手段展示给公众，让更多的人了解这一行业，透过它来反映设计改变生活的点点滴滴。在与央视《人物》栏目的编导李冬梅聊过之后，感觉到公众更关心的是发生在身边有影响的大事或事件。从我所了解和掌握的专业角度和信息出发，有影响的大事或事件莫过于境外一流建筑师在中国的设计作品。于是，便下定决心来做这件事。在确定选题之后，我便找到了方晓风和梁雯两位同事一起合作，他们二人扎实的理论基础和忘我的工作热情，使我们的团队很快进入到工作状态。

境外设计并不单单是一种行业现象，通过三十年的开放之路，我们也可以把它看成是中国社会演变的一个折射。这其中包含了积极的因素，但也反映出了中国文化中的许多问题。作为政治开放的一个标志，设计开放走在了许多其他领域开放的前面，境外设计可以说是中国改革开放的急先锋。经过几十年的发展，境外设计已经成为目前中国建筑业的普遍现象。我们希望通过对境外设计这一现象的深入调查和剖析，有利于我们清醒地看待中国建筑业的整体水平，有益于我们对未来如何发展进行思考。

作为当前世界性的文化语境，全球化的影响已受到整个世界的关注。全球化引起的世界文化趋同性以及日益密切的国际交流促进了境外设计师作品在中国的大量出现。经过历时两年多的走访与拍摄，我们与那些早已仰慕已久的大师近距离地进行了接触与交流。但愿我们的成果，能够以中立的立场对年代顺序中的重要节点和具有里程碑意义的项目进行忠实的记录，全面回顾境外设计在近三十年来所走过的路，总结境外设计的得与失、利与弊，以境外设计为切入点，解析建筑同社会文化的关系，展示重大项目的决策和设计过程。

在这里，希望借助本书的出版对下列专家、学者表示我们真诚的谢意：苏丹、王明贤、崔凯、孟建民、马国馨、郑曙旸、魏斌、万嗣铨、王越、赵伟东、王珮云、吴耀东、陈圣鸿、陈跃中、李兴钢、王辉、卢正刚、赵小均、王敏、方振宁、朱培、马岩松、张辉、黄捷、刘年新、崔冬晖、梁华、姚冬梅、刘娜、戴智康、胡倩……

最后，感谢Roger Howie、Katy Harris、Jan Knikker、Sara Loepfe、Nancy Robinson、Sabine Favre、Amy Hawkinson、Simon Yu、阮昊、何夏昀、田园、张梁、陈曦蒽、张潇兮、王悦、李诗雯、黄智勇、苏靓，正是有了你们的帮助，本书才能够以如此丰富的面貌展现给大家。

杨冬江

2008.7.16

参考书目

1. 薛恩伦，李道增等. 后现代主义建筑20讲. 上海：上海社会科学院出版社，2005

2. (日)东京大学工学部建筑学科/安藤忠雄研究室. 建筑师的20岁. 王静、王建国、费移山译. 北京：清华大学出版社，2005

3. 徐宁，倪晓英. 贝聿铭与苏州博物馆. 苏州：古吴轩出版社，2007

4. (德) 波姆 (Boehm GeroVon). 贝聿铭谈贝聿铭. 林兵译. 上海：文汇出版社，2004

5. (美) 迈克尔·坎内尔 (Michael cannel). 贝聿铭传. 倪卫红译. 北京：中国文学出版社，1997

6. 王天锡，贝聿铭. 北京：中国建筑工业出版社，1990

7. 黄健敏. 贝聿铭的艺术世界. 北京：中国计划出版社，香港：贝斯出版有限公司，1996

8. Aileen Reid. I. M. Pei. New York：Knickerbocker Press，1995

9. 大师系列丛书编辑部. SOM建筑事务所. 北京：中国电力出版社，2006

10. (美) 史密斯 (Smith D. Adrian). SOM首席设计师艾德里安·史密斯作品集. 沈阳：辽宁科学技术出版社，2003

11. 吴耀东，郑怿. 保罗·安德鲁的建筑世界. 北京：中国建筑工业出版社，2004

12. (法) 保罗·安德鲁 (Paul Andreu). 国家大剧院. 唐柳、王恬译. 大连：大连理工大学出版社，2008

13. (法) 保罗·安德鲁 (Paul Andreu). 记忆的群岛. 董强译. 上海：上海文艺出版社，2008

14. 周庆琳. 中国国家大剧院建筑设计国际竞赛方案集. 北京：中国建筑工业出版社，2000

15. Philip Jodidio. Paul Andreu. Basel：Birkhauser Verlag，2004

16. 瑞姆·库哈斯. 王晓华、张莉译. 北京：中国电力出版社，2008

17. Edited by Sanford Kwinter. Rem Koolhaas: conversations with students. New York：Princeton Architectural Preess，1996

18. Edited by Michel Jacques. OMA Rem Koolhaas. Boston：Birkhauser Verlag，c1998

19. 平永泉，陈刚. 国家体育场：2008年奥运会主体育场建筑概念设计竞赛. 北京：中国建筑工业出版社，2003

20．大师系列丛书编辑部．赫尔佐格和德梅隆的作品与思想．北京：中国电力出版社，2005

21．Edited by Philip Ursprung．Herzog & De Meuron：natural history．Quebec：Lars Müller，2005

22．Gerhard Mack．Herzog & de Meuron：the complete works．Basel：Birkhauser Verlag，1997

23．诺曼·福斯特及其合作者．周伟超译．北京：中国电力出版社，2008

24．(英) 马丁·波利 (Martin Pawley)．诺曼·福斯特:世界性的建筑．北京：中国建筑工业出版社，2004

25．窦以德等．诺曼·福斯特．国外著名建筑师丛书／第二辑．北京：中国建筑工业出版社，1997

26．香港日瀚国际文化传播有限公司．矶崎新·中国1996～2006．武汉：华中科技大学出版社，2007

27．(日) 矶崎新．未建成/反建筑史．胡倩，王昀译．北京：中国建筑工业出版社，2004

28．Hajime Yatsuka．Arata Isozaki：architecture，1960～1990．New York：Rizzoli，1991

29．刘松茯，李静薇．扎哈·哈迪德．北京：中国建筑工业出版社，2008

30．大师系列丛书编辑部．扎哈·哈迪德的作品与思想．北京：中国电力出版社，2005

31．EL Croquis．Zaha Hadid 1983～2004．1995

32．Edited by Markus Dochantschi．Zaha Hadid，space for art．Baden：Lars Müller，2004

33．Edited by Andy Whyte．Skidmore，Owings & Merrill LLP．The Images Publishing Group Pty Ltd，2000